AF361082

ESSAIS ÉTYMOLOGIQUES

SUR

L'ORNITHOLOGIE

DE MAINE ET LOIRE

OU LES MŒURS DES OISEAUX EXPLIQUÉES PAR LEURS NOMS.

ANGERS, IMPRIMERIE DE COSNIER ET LACHÈSE.

ESSAIS ÉTYMOLOGIQUES

SUR

L'ORNITHOLOGIE

DE MAINE ET LOIRE

OU

LES MŒURS DES OISEAUX EXPLIQUÉES PAR LEURS NOMS

PAR

L'ABBÉ M. VINCELOT

CHANOINE HONORAIRE, AUMONIER DU PENSIONNAT SAINT-JULIEN.

Benedicite, omnes volucres cœli, Domino !
Vous tous, oiseaux du ciel, bénissez le Seigneur !

(DANIEL, cant. 3.)

ANGERS

LIBRAIRIE DE COSNIER ET LACHÈSE

Chaussée Saint-Pierre, 13

1865

A Messieurs les Membres de la Société Linnéenne de Maine et Loire.

Messieurs,

Dans mes études sur l'ornithologie, j'ai souvent été arrêté par certaines dénominations données aux oiseaux, dénominations qui me paraissaient plus ou moins bizarres ; aussi ai-je pensé qu'un travail, dont le but tendrait à démontrer que ces noms vulgaires ou savants sont fondés sur quelques particularités des mœurs ou du plumage des oiseaux, ne serait dénué ni d'intérêt, ni d'utilité. Ces notes pourront même contribuer à rendre les éléments de cette science plus faciles et moins arides, en associant à chacun de ces noms des notions propres à caractériser les oiseaux et à montrer aussi l'action de la Providence là où les naturalistes ne voient trop souvent que bizarrerie ou caprice. C'est donc sous l'empire de cette pensée que j'ai entrepris ce travail dont je viens vous soumettre les premières pages. Toute mon ambition se borne à offrir à la Société Linnéenne un gage de

bon vouloir et à indiquer une route que d'autres par-
courront ensuite avec plus de science et de succès.

Dans l'espoir que ce travail servira de complément à la
Faune de Maine et Loire, je donnerai des notions sur la
couleur, la forme, les dimensions des œufs de chaque
espèce d'oiseaux, et sur les circonstances qui président à
la construction de leurs nids. Je ferai aussi entrer dans
cette nomenclature quelques faits ou quelques renseignements nouveaux pour la rendre moins sèche et plus
intéressante. Quant à la classification, je suivrai celle
qui a été adoptée par M. Millet, dans sa Faune de Maine
et Loire, sans en justifier ni en attaquer les principes.

A MES LECTEURS

Les quelques lignes qui précèdent ont été écrites il y a plus de huit ans. Elles expriment en toute simplicité le but que je me proposais et le plan que je devais suivre. Depuis cette époque, de nouvelles pages sont venues successivement s'ajouter aux premières et, jusqu'à cette année, elles n'avaient motivé aucune contradiction ni soulevé aucune tempête. Encouragé par un grand nombre de naturalistes, je continuais lentement mon modeste travail, quand je me suis trouvé tout à coup en présence d'objections qui s'élevaient devant moi comme une barrière formidable. Ces objections ont été suscitées par mon *Mémoire* sur les Alouettes et sur les Mésanges, Mémoire envoyé au concours d'histoire naturelle fondé par la bienveillance du Conseil général de Maine et Loire [1]. Je me suis alors demandé si ces observations devaient m'arrêter dans la réalisation de mon travail ou me forcer à en modifier le plan. Après avoir réfléchi, j'ai pris la résolution de suivre la même route que par le

---

[1] Ce Mémoire se trouve reproduit dans le présent travail, avec quelques modifications.

passé. Mais je crois, dans l'intérêt de la vérité, devoir parcourir rapidement les objections que l'on formule contre moi, et essayer d'y répondre.

On me reproche de m'appuyer sur un principe faux, en paraissant admettre que tous les noms scientifiques et vulgaires des oiseaux représentent une idée caractérisée par leur dénomination; d'être téméraire dans mes hypothèses sur les étymologies et de creuser ainsi un abîme dangereux.

S'il s'agissait d'un symbole ou d'un principe d'autorité infaillible, je m'inclinerais respectueusement devant la décision de mes juges; mais ici, je puis discuter sans m'exposer à encourir d'autre note que celle de téméraire. J'accepte volontiers cette responsabilité.

D'abord, je reconnais bien naïvement que la première accusation est fondée et très-fondée. Oui, j'ai cru, et je crois encore que les noms des oiseaux dans les langues savantes et dans les langues vulgaires doivent représenter une particularité du plumage, de la nourriture, des mœurs, etc. de ces habitants de l'air. Voici le raisonnement sur lequel je croyais pouvoir fonder ma conviction : Ou le nom a été donné par un savant, ou il est employé par les habitants des campagnes. Dans le premier cas, il me paraît difficile d'admettre qu'un savant ait donné à un oiseau, pour le déterminer, un nom n'ayant aucune signification; et que cette expression, vide de sens, et fruit d'un caprice que rien ne pouvait justifier, ait été admise par tous ceux qui s'occupent d'ornithologie. D'où je concluais que, si quelques noms scientifiques nous apparaissent maintenant dénués de signification, c'est qu'ils ont pu être modifiés, dénaturés peut-être, et qu'avec de la patience et une érudition plus vraie et plus étendue que la mienne on pourrait retrouver le nom primitif modifié dans le parcours des siècles. Dans le procès que l'on m'intente, je pourrais invoquer comme témoin à décharge le mot *cirlus*, employé pour désigner le *bruant*. Cette dénomination, que l'on soutenait être vide de sens, ne se trouve dans aucun dictionnaire, et cependant elle représente une idée juste et détermine cet oiseau d'une manière précise. Le mot *cirlus*, comme beaucoup d'autres, s'est modifié en traversant les siècles. Pour revenir au point de départ, je me suis appliqué à étudier avec une attention soutenue les mœurs du bruant, et j'ai cherché à trouver dans les habitudes de cet oiseau le fil qui devait me conduire dans le dédale de mes investigations. Grâce au concours de quelques amis et à ma persévérance, j'ai pu retrouver l'acte de naissance du mot *cirlus*.

Cirlus me semble venir naturellement de κίλλουρος, *cillurus*, d'où, par transposition des liquides, on obtient *cirrulus*, et par abréviation *cirlus*. Or, κίλλουρος a pour racine κέλλω, se mouvoir, et οὐρά, queue, expressions qui représentent exactement l'une des habitudes du bruant. Cet oiseau se tient très-souvent à l'extrémité des branches des haies et des arbres, sur le bord des routes, et il doit à cette position un mouvement presque continuel qui le fait ressembler aux hoche-queue. Mais la racine κέλλω a fourni aussi le dérivé κίλλος, *cillus*, âne, bourrique; la liquide *r* a pu se substituer dans ce mot à la première des deux liquides *l* et alors on obtient *cirlus*, qui signifierait : stupide comme un âne, grossier comme une bourrique. Cette opinion est corroborée par le mot *cirliscus*, allongement évident de *cirlus*. *Cirliscus* se trouve dans les glossaires avec la signification de paysan, de rustre. Enfin, en Italie, selon l'autorité d'Aldrovande, le bruant est appelé *matto*, c'est-à-dire, *stultus*, sot, imbécile; et une des espèces du bruant porte partout le nom de *fou*.

Cette explication fait connaître d'une manière très-plausible les habitudes du bruant, qui paraît dénué des qualités que l'on remarque dans la plupart des oiseaux.

Son air niais et stupide, la position qu'il affectionne d'une manière toute particulière, son chant qui est plutôt un cri rauque, monotone et continu, lui enlève toute espèce de sympathie. En Lorraine, on appelle *brouant* ou *bruant* la crécerelle, ce qui prouve combien le chant du bruant est fatigant. Il est probable que les naturalistes ont trouvé avec raison quelque ressemblance entre le chant du bruant et le cri de l'âne. Peut-être est-ce à cette relation que le bruant doit dans certains pays le nom de *bréant*, oiseau qui brait comme un âne. Du reste, le nom qui lui est donné généralement, *bruant*, indique que les naturalistes ont tous été frappés du peu d'harmonie qu'offre son chant.

Quand je traiterai l'article de cet oiseau, je donnerai sur ce sujet des développements plus complets. Maintenant, je passe à la deuxième partie du dilemme énoncé précédemment, et je crois pouvoir affirmer que si les noms vulgaires des oiseaux ont été donnés et admis par les gens de la campagne, ils représenteront, sous une forme pittoresque ou même grotesque, une idée juste, une habitude caractéristique. Le villageois, le montagnard, le marin se servent d'expressions très-précises pour peindre dans leur langage les oiseaux ou les animaux dont ils ont surpris les habitudes bien plus exactement que le savant qui ne les étudie que dans son cabinet. Les preuves évidentes de cette assertion se présenteront bien souvent dans le cours de ce petit travail.

Mon but étant connu, je devais travailler à l'atteindre : c'est alors que les moyens que j'ai employés m'ont fait encourir l'accusation de téméraire. Cette accusation, je ne puis la repousser entièrement ; cependant, voici mes moyens de justification.

Les étymologies contenues dans ce travail sont de trois sortes. Les premières offrent une complète certitude ; je les ai dès lors présentées affirmativement, sans restriction aucune. Telles sont celles de *catharte*, de *proglosses*, de *latirostres*, de *musicapa*, de *fauvette*, et d'une foule d'épithètes comme *brachyote*, appliquée au hibou, de *percnoptère*, au vautour, d'*hepaticus*, au coucou, de *rubicola*, au traquet, de *rustica*, de *domestica*, d'*urbica*, de *rupestris*, à l'hirondelle, etc., etc. D'autres sont douteuses. J'ai rappelé les sentiments divers des principaux auteurs dont elles ont exercé la pénétration. J'y ai parfois ajouté mes propres conjectures, mais avec des formules indiquant une grande réserve. Telles sont les étymologies d'*hirondelle*, de *martinet*, de *mésange*, d'*alouette*, etc.

Lorsqu'une opinion m'a paru plus probable que les autres, j'ai indiqué de quel côté j'inclinais. Dans l'incertitude, j'ai laissé comme je devais le faire, le choix au lecteur. Enfin, j'ai conservé quelques étymologies évidemment erronées, telle est en particulier celle de *nonnette*, *nonne*, tirée par Martinius de νοέω, νοῦς, et celle d'*hippolaïs*, citée par Niphus, que j'ai pris soin de rejeter. Elles servent à préciser l'état de la science étymologique dans les derniers siècles par rapport à l'ornithologie, à montrer la route parcourue, et à éviter à ceux qui voudraient s'y engager la tentation de retomber dans les mêmes erreurs. Si au nombre des étymologies certaines j'en ai rangé de douteuses ou de fausses, je m'empresserai de profiter des observations qui pourraient m'être faites à cet égard. C'est ainsi que dans cette seconde édition j'ai rejeté une étymologie concernant *boarula* ou *boarina*, et une autre, *hippolaïs*. Par là je témoigne assez de la circonspection qu'il faut, sans aucun doute, apporter dans ces sortes de recherches. Où donc est l'abîme que l'on m'accuse de creuser? Faut-il renoncer à poursuivre l'application d'un principe que je persiste à croire juste, le sens réel des noms employés dans l'ornithologie, parce qu'il est à craindre que l'on ne tombe dans quelques erreurs? J'espère, au contraire, avoir fait naître dans le cœur de mes jeunes lecteurs le désir d'étudier l'ornithologie de notre bel Anjou, en leur indiquant une route non encore parcourue et tout ce qui reste à faire sous ce rapport. J'ose espérer même que je pourrai rendre à la science en général un modeste service, et j'ai poursuivi avec d'autant plus de confiance la réalisation de mon plan, que j'y avais été encouragé par de graves autorités.

Dans la visite que j'avais faite au docteur Dégland, auteur d'une savante *Ornithologie des oiseaux de l'Europe*, il m'avait adressé des paroles très-propres à me fortifier dans l'exécution de mon plan : « Depuis plus de « 60 ans j'étudie l'ornithologie, me disait le savant professeur de Lille, j'ai consacré à cette étude tous mes « loisirs, mais si Dieu devait prolonger encore ma vie de « quelques années, j'avoue que je ne comprendrais plus « rien aux ouvrages nouveaux et que je serais forcé de « me remettre sur les bancs, et alors quel maître devrais-je prendre, puisque chacun se crée une langue et « formule de nouvelles classifications? Peut-être, ajouta-t-il en souriant, mon âge me porte-t-il plutôt à consolider les vieux monuments, qu'à travailler à en construire de nouveaux. Courage ; si votre travail peut faire « naître la pensée d'entreprendre une étude générale sur « l'étymologie des mots légués à l'ornithologie par l'antiquité, peut-être serait-on moins tenté de les changer « quand on aura la preuve qu'ils renferment une signification sérieuse. » Plus tard, et à différentes fois, M. Bailly, aussi modeste qu'instruit, auteur de l'*Ornithologie de la Savoie* (ouvrage en 4 volumes in-8°) m'avait, de vive voix et par écrit, pressé, sollicité de poursuivre un travail qu'il regardait comme nouveau et comme intéressant. A ces noms je pourrais joindre ceux de MM. Fairmaire, Caire, Crespon et de bien d'autres. Mais je résume toutes ces autorités dans celle de M. Moquin-Tandon. Ce savant professeur de la Faculté de Paris, dont l'érudition était si profonde et si variée, avait bien voulu, dans une foule de circonstances, témoigner à mon honorable ami M. Raoul de Baracé et à moi-même, l'intérêt qu'il prenait à mon travail. « J'ai reçu, m'écrivait-il, votre brochure, *maxima cum lœtitia*, avec une très-grande satisfaction. » Il me pressa de ne pas me laisser arrêter par les difficultés ni par les contradictions. Pour me donner une preuve de sa sympathie, il m'offrit un très-bel exemplaire in-folio, de l'ouvrage d'Aldrovande. « Très-probablement, me dit-il, vous ne trouverez pas « cet ouvrage dans la bibliothèque d'Angers, et quoiqu'il « soit le seul exemplaire que je possède, je vous l'offre « pour vous prouver que j'apprécie votre étude et que je « désire contribuer à vous en rendre l'accomplissement « moins difficile. » Il fit plus. Avant sa mort, il avait pris soin de léguer sa bienveillance pour mon travail à un de ses meilleurs amis, en le priant de mettre à ma disposition et sa bonne volonté et son érudition.

Je me suis peut-être trop étendu sur ces détails; mais je l'ai fait dans l'espérance que si je ne trouve pas grâce au tribunal de mes juges, je pourrai du moins jouir de l'avantage des circonstances atténuantes.

Et si quelques témérités même m'avaient échappé, elles ne seraient sans doute pas dangereuses; mes jeunes lecteurs, sans être nulle part égarés par une affirmation absolue, les attribueraient avant tout à mon désir de les intéresser, comme ils verraient dans l'ouvrage entier une preuve de dévouement et de vive sympathie, une pensée de foi fondée sur la sagesse de Dieu et l'action de la Providence.

ESSAIS ÉTYMOLOGIQUES

SUR

L'ORNITHOLOGIE

DE MAINE ET LOIRE

OU LES MŒURS DES OISEAUX EXPLIQUÉES PAR LEURS NOMS.

1ᵉʳ ORDRE. — RAPACES.

Le mot générique *Rapaces* vient du latin *rapax*, qui lui-même dérive du grec ἅρπαξ, ravisseur, dont la racine est ἅρπη, genre de faulx. Cette dernière dénomination, qui indique les habitudes des rapaces, dont le bec moissonne tant de victimes, représente si bien la pensée des naturalistes, qu'ils l'ont consacrée en donnant à cet ordre tout entier le nom de Faucon, *falco*, qui découle de *falx*, faulx.

Ce premier ordre se partage en Rapaces nocturnes ou Ægoliens, et Rapaces diurnes ou Accipitrins.

PREMIÈRE FAMILLE.

Rapaces nocturnes ou Ægoliens.

Le premier de ces mots s'explique naturellement par le genre de vie de ces oiseaux qui chassent pendant la nuit, *nox*, *noctis*, νύξ, νυκτός, d'où l'adjectif νύκτερος, qui leur a fait encore donner le nom de *nycterins*. Le deuxième est composé d'αἴξ, αἴγος, bouc, chèvre, et ὅλος, tout, tout-chèvre, semblable à la chèvre. Cette dénomination est fondée sur les caractères que les naturalistes ont trouvés communs aux chèvres et aux rapaces nocturnes.

Les chouettes et les chèvres ont la voix rauque, brève, désagréable ; leurs yeux sont très-larges et placés en avant ; ce dernier caractère est si spécial dans ces oiseaux, qu'il ne se rencontre que dans les rapaces nocturnes ; eux seuls aussi ont la tête ronde. Les chouettes, comme les chèvres, ont la figure encadrée, les unes par des plumes fines et pressées, les autres par de longs poils qui leur donnent une physionomie toute particulière.

Le mot Ægolien peut dériver aussi de αἴξ, αἴγος, chèvre, et ὀλολύζω, hurler, crier comme la chèvre.

Les Ægoliens se subdivisent en Chouettes, et en Hiboux que l'on distingue des premières par leurs aigrettes. Celles-ci ne sont pas un simple ornement, mais un don de la Providence qui sert à affaiblir les rayons de la lumière en les empêchant de frapper directement les yeux très-sensibles de ces oiseaux. Ces aigrettes leur permettent ainsi de chasser un peu plus longtemps le soir et le matin, et même quelquefois pendant le jour.

Les chats-huants ou chouettes, qui se trouvent en Anjou, sont au nombre de trois.

Selon Buffon, le mot *chouette* dériverait de *cecua*, oiseau nocturne ; alors la racine pourrait être *cœcus*, *cœca*, aveugle, et ne convenir aux chouettes que pendant le jour. Je crois qu'il est plus naturel de donner au mot chouette la même étymologie qu'au mot *chat-huant*.

CHAT-HUANT. — STRIX ALUCO.

Le nom de *chat* est fondé sur les habitudes de cet oiseau, qui, comme les chats, vit de souris et de mulots,

voit et chasse dans les ténèbres, et qui comme eux trouble
le sommeil de l'homme par des cris plaintifs. La physionomie de la chouette a aussi quelques traits de ressemblance avec celle du chat. L'adjectif *huant*, du mot huer,
crier, indique une habitude commune à tous les rapaces
nocturnes, moyen puissant que Dieu leur a donné pour
réveiller, effrayer et trouver leur proie, et par là même
la dévorer plus facilement. Le mot scientifique *strix*, indique la même pensée et vient de τρίζω, crier. Nicot, cité
par Ménage, prétend que *chat-huant* ou plutôt *chahuan*
n'a pas cette étymologie, et Ménage lui-même en indique
l'origine dans le mot breton *caouen*. Or, *caouen*, et mieux
caouhuan, suivant le P. Le Pelletier, est fait de *cau* ou
caou, monosyllabe, caché, et de *huan*, soleil, et veut
dire caché du soleil, ce qui est naturel et ordinaire à ce
volatile. C'est de là que l'on a fait, dans la basse latinité,
cavanum ou *cavaunus*, et en français chat-huant. Les
Irlandais le nomment *caun-kitl*. Remarquons que cette
explication concorderait avec celle d'*œgolien*, tirée de
γωλέον, caverne, que j'aurai à donner plus loin. Mais
d'autre part *caouen*, dans l'opinion du même savant,
peut aussi bien être composé de *cat*, chat, et de *chwyn*,
plainte, lamentation. « Le chat-huant, dit-il, crie d'un
« ton lugubre et a la tête et le naturel du chat. » D'où il
suit que l'orthographe ordinaire n'est pas si éloignée de
la vérité que l'affirmait Nicot.

Chouette vient de *caouet*, participe passif de *caouï*,
cacher, fermer, encaver, et qui a comme *caouen*, *cau* ou
caou pour racine. Les Picards disent *cave* et *cavette* pour
chouette.

L'on pourrait, il est vrai, faire dériver les mots *chat-
huant* ou *chahuan* et *chouette* de la racine *ch, chu, chw*,
imitant le chuintement de cet oiseau, d'où est venu en
breton le mot *chwita, siffler*, donné par le P. Le Pelletier à l'article *alouette*; c'est la même étymologie que

Roquefort assigne au mot *chevêche*, comme nous le verrons plus loin. Quelque opinion qu'on adopte à cet égard, quand les chouettes aperçoivent leur proie, elles poussent rarement leur cri strident, mais elles fondent à l'improviste sur leurs victimes. Les plumes fines, pressées et soyeuses qui défendent ces oiseaux du froid et de l'humidité des nuits, servent aussi à leur fournir les moyens d'effectuer leur vol sans occasionner le moindre bruit.

Hulotte dérive de *ululare* et a la même signification.

L'épithète *aluco*, qui détermine cette chouette, peut venir de α et λυκός, loup, qui ne ressemble pas aux loups, par antiphrase, figure si familière aux Grecs, ou de α et λυκόω, dévorer, d'après la même pensée, ou enfin de α et λύκη, crépuscule, qui n'aime pas le crépuscule, qui redoute le lever du soleil.

> Solis et occasum servans de culmine summo
> Necquidquam seros exercet noctua cantus.
> (Georg., l. I, v. 402.)

> Et le triste hibou, le soir au haut des toits,
> En longs gémissements ne traîne plus sa voix. (Delille.)

Comme les loups, en effet, les chouettes fuient la lumière ; comme eux, elles vivent dans les bois et chassent quand l'homme est endormi, avec cette différence essentielle, que la chouette prend les intérêts du villageois, défend sa propriété, tandis que le loup l'attaque et l'enlève. La mythologie expliquait ainsi l'horreur que les chouettes ont pour la lumière : Nyctimène, fille d'Epopée, et suivant d'autres, de Nictée, roi des Lesbiens, ayant été déshonorée par son père, alla cacher sa honte au fond des bois où elle fut changée en chouette par Minerve. D'après Ducange, *aluco* vient de ὀλολύξειν, futur de ὀλολύζω, dont le radical est ὀλυζ, et signifierait alors oiseau qui crie d'une manière stridente.

La hulotte pond, vers la fin de février ou au commencement de mars, deux œufs arrondis et blancs, de 0^m,042 de longueur et 0^m,036 de diamètre. Elle les dépose sur la poussière vermoulue des arbres, dans l'intérieur desquels elle s'est préparé un trou avec le secours de ses pattes et de son bec. Cette chouette s'arrache quelquefois les plumes du milieu du ventre pour envelopper ses œufs, les réchauffer et préparer un nid plus agréable aux petits. D'autres fois, elle ne prend pas ce soin et choisit un vieux nid de buse, de corneille, de pie ou d'écureuil, dont les matériaux sont tout réunis. La hulotte couve ses œufs toute la journée et une partie de la nuit, et ne chasse que le matin et le soir. Elle se livre au travail de l'incubation avec une telle persévérance et un tel dévouement, que le bruit de la hache du bûcheron, abattant l'arbre qui renferme ses œufs, ne peut la déterminer à les abandonner. Souvent elle ne sort de son nid qu'après la chute de l'arbre.

M. Courtiller conserve dans le musée de Saumur un nid et un œuf de hulotte qui datent de plusieurs siècles et qui offrent une particularité curieuse. Lors de la construction de l'église de Saint-Pierre de Saumur, une chouette se réfugia dans un trou de boulin, et là, réunit en cercle quelques brins de paille desséchée sur lesquels elle déposa un œuf. Les ouvriers, en faisant le ravalement, fermèrent le trou, et l'humidité de la pierre et celle de la chaux nouvellement employée se déposèrent en couche légère de salpêtre sur le nid et l'œuf. Les parties les plus déliées s'étant évaporées insensiblement, le nid et l'œuf conservèrent une apparence calcaire qui les faisait ressembler un peu aux objets de la fontaine Sainte-Allyre, en Auvergne. Ce nid et cet œuf furent apportés à M. Courtiller par les ouvriers qui, chargés récemment des réparations extérieures de l'église, enlevèrent la pierre fermant le trou de boulin.

Quand l'éducation de ses petits est terminée, la hulotte fait ordinairement choix d'un domicile : c'est le trou d'une vieille souche entourée de lierre et située sur le bord d'un chemin creux et ombragé. Si l'atmosphère est chaude, la hulotte sort de sa retraite, se perche à l'ombre de quelque branche touffue, toujours à la même place et le plus près possible du tronc de l'arbre, et là elle reste immobile pendant des journées entières. Il m'est arrivé quelquefois de rencontrer dans cette position deux hulottes à côté l'une de l'autre ; elles présentaient alors un spectacle curieux par les grimaces que le bruit des passants développait dans les poses de ces rapaces nocturnes. Toutefois la hulotte ne sort de son domicile que lorsque la journée doit être exempte de pluie ou de vent. Elle peut servir de véritable baromètre. Souvent je l'ai consultée lorsque j'étais à la campagne, et jamais ses indications ne m'ont trompé.

Ici je soumettrai à l'appréciation du lecteur une hypothèse au sujet des œufs des rapaces nocturnes. Ces œufs sont presque tous déposés dans des trous d'arbres ou dans la profondeur des vieilles masures. Leur couleur, qui est toujours blanche comme celle des œufs de pics et de martins-pêcheurs, qui nichent de la même manière, ne serait-elle pas le résultat de l'attention de la Providence?

Le blanc s'aperçoit mieux dans les ténèbres que les autres couleurs et offre ainsi à ces oiseaux un moyen de conserver leurs œufs, en les leur faisant distinguer dès qu'ils plongent dans leurs trous ou lorsqu'ils les changent de place pour faciliter l'incubation.

CHOUETTE CHEVÊCHE. — STRIX PASSERINA.

L'adjectif *passerina* s'explique naturellement par les habitudes de ce rapace. La chevêche se rapproche un peu du passereau en ce sens que, voyant mieux que ses congénères, elle voltige quelquefois pendant une partie du jour, surtout dans les champs plantés de pommiers. Il n'en est pas de même du mot *chevêche*, et jusqu'à ce moment-ci j'avais cru ne pouvoir l'expliquer qu'en le faisant dériver du mot chevaucher.

En fauconnerie, ce terme se dit de l'oiseau s'élevant par secousses au-dessus du vent. Cette manière de voler étant propre à la chevêche, rendrait l'étymologie plus admissible qu'elle ne le paraissait d'abord. Mais le mot αἰγωλιός, par lequel Aristote distingue la chevêche des autres chouettes, a reporté ma pensée vers les chèvres, et j'ai cru trouver dès lors le véritable sens de chevêche dans ces mots chèvre-chef, oiseau dont la tête ressemble à celle de la chèvre. Cette explication est confirmée par le nom que les Latins donnaient à la chevêche, *capriceps*, tête de chèvre. Roquefort pense que le nom de chevêche a été donné à cette chouette à cause de ses soufflements : chè, chei, cheu, cheue, chiou, qui ressemblent à ceux d'un homme dont la poitrine est oppressée et qui dort la bouche ouverte. Enfin, d'autres naturalistes ne voient dans la dénomination chevêche que le mot *chef* défiguré. Quelques auteurs la nomment *nudipes*, aux pieds nus, parce que ses pieds sont moins velus que ceux des autres chouettes. Ce caractère sert à la distinguer de la chouette *tengmalm*, qui, destinée à vivre dans les pays froids, a les pieds couverts de plumes longues et très-pressées. La chevêche affectionne les vergers, et c'est souvent dans le creux des arbres fruitiers, sur des débris de feuilles sèches, qu'elle pond de trois à cinq œufs blancs et arrondis; leur longueur varie de $0^m,031$ à $0^m,034$, et leur diamètre de $0^m,024$ à $0^m,026$. Quelquefois elle dépose ses œufs dans un trou de vieux mur.

CHOUETTE EFFRAIE. — STRIX FLAMMEA.

Cette chouette doit son nom aux idées d'effroi qui s'attachent à sa présence et se fondent sur ses habitudes. D'abord elle vit plus près de nous que ses congénères : elle habite les villes, les châteaux ; nous sommes plus à même d'entendre ses cris ; puis, c'est elle qui pendant la nuit aime à accompagner le voyageur dans les chemins creux et boisés, à le précéder en voltigeant d'arbre en arbre et à lui jeter de distance en distance un cri d'alarme, une espèce de qui-vive sinistre. C'est elle enfin qui vient se réfugier dans les replis des vieilles cheminées, et qui, surprise par le jour dans sa nouvelle demeure, plonge en culbutant dans le tuyau de ces cheminées et apparaît tout à coup au milieu du foyer comme un oiseau de mauvais augure. Le nom scientifique *flammea* lui a été donné à cause de la couleur de ses plumes d'un blanc très-pur et terminées par une pointe d'un jaune un peu ardent, couleur qui la fait encore apparaître dans les nuits sombres comme un météore précurseur de tristes nouvelles.

L'effraie est appelée dans le midi de la France *béou l'oli*, c'est-à-dire, oiseau qui boit l'huile. Cette erreur populaire a peut-être pris naissance dans quelques faits recueillis par l'imagination méridionale. Attirées par la lueur des lampes, les effraies ont pu venir se heurter à ces lampes, et non pas boire, mais renverser l'huile.

Cette chouette, dont les œufs sont un peu plus allongés que ceux des précédentes, pond ordinairement dans les excavations des vieux murs, des clochers et des châteaux, de trois à cinq œufs, dont la longueur varie de $0^m,035$ à $0^m,040$, et le diamètre de $0^m,026$ à $0^m,030$; leur coquille est plus légère et moins unie que celle des œufs des autres ægoliens ; la ponte a lieu vers les premiers jours d'avril ou la fin de mars.

———

La deuxième section des rapaces nocturnes comprend les chouettes à aigrettes ou *hiboux*. Cette dernière dénomination me paraît venir de *hiare*, crier, qui a formé les vieux mots français, *hier*, *hie*, faire jouer la hie ou demoiselle, et de *bos*, bœuf, crier comme un bœuf. L'on dit en grec βύζω, hurler comme un hibou (βύας). Le mot choisi par les Latins pour désigner cet oiseau prouve aussi qu'ils avaient été déterminés à le lui donner d'après son cri ; ils l'appelaient *nycticorax*, corbeau de nuit, à cause du croassement désagréable qu'il fait entendre pendant le sommeil de l'homme.

L'Anjou possède quatre espèces de chouettes à aigrettes.

HIBOU BRACHYOTE. — STRIX BRACHYOTOS.

Ce hibou sert de trait d'union entre les chouettes proprement dites et les chouettes à aigrettes. Son nom est composé de βραχύς, court, et οὖς, ὠτὸς, oreille, parce que ses aigrettes sont peu apparentes et qu'elles ne renferment chacune que deux, trois, quatre plumes, tandis que celles du grand-duc en comptent dix, et celles du moyen-duc et du scops, six. Le brachyote supporte plus facilement la lumière que ses congénères, et s'adonne à des pérégrinations régulières. Il pond, au commencement du printemps, de trois à cinq œufs blancs, un peu oblongs et plus luisants que ceux des chouettes ; cette nouvelle manière d'être convient à tous les œufs des différentes espèces de hibou. Ceux du brachyote ont de $0^m,035$ à $0^m,037$ de longueur sur $0^m,049$ à $0^m,051$ de diamètre. Ils sont déposés à terre sur quelque éminence ou dans les marais desséchés, au milieu des herbes touffues, ou bien encore sur des pierres ou dans des nids abandonnés par les pies et les corneilles.

HIBOU GRAND-DUC. — STRIX BUBO.

Le nom de *duc* donné aux trois autres chouettes à aigrettes est fondé sur une erreur des Grecs. Ceux-ci ayant aperçu une fois un moyen-duc perché non loin d'une troupe nombreuse de cailles arrivant dans leur pays, pensèrent qu'il servait de guide à ces oiseaux. Leur imagination très-ardente entrevoyait dans les aigrettes de ce hibou un indice de commandement, une image des panaches qui flottaient sur les casques de leurs chefs, de leurs *ducs* (*dux*, *ducis*, traduction du mot grec ἡγεμών).

Les mots *grand*, *moyen* et *petit*, ajoutés à celui de duc, sont destinés à distinguer ces oiseaux d'après leurs dimensions relatives. L'épithète *bubo*, qui est donnée au grand-duc, dérive de *bubulo*, crier d'une manière stridente, ou *butio* et *bos*, pousser des vagissements de taureau.

Le grand-duc apparaît très-rarement en Anjou et vit ordinairement sur les sommets boisés des montagnes ; là, il lutte avec énergie et même quelquefois avec succès contre les aigles. Jamais il ne refuse le combat, et des naturalistes consciencieux assurent que lorsque l'approche de la nuit lui rend toutes ses armes, il soutient avec persévérance le choc de l'aigle royal, son ennemi acharné. Plusieurs fois il a entraîné dans sa chute son adversaire qui succombait aux blessures reçues dans le combat. La femelle pond dans le mois de mars ou d'avril deux œufs blancs et arrondis, ou un peu oblongs, dont la longueur varie de $0^m,063$ à $0^m,065$, et le diamètre de $0^m,050$ à $0^m,053$. Rarement ces œufs ont une teinte lé-

gère de roux qui doit provenir de leur contact avec la
poussière humide ou vermoulue sur laquelle ils sont déposés, dans le creux des arbres ou les anfractuosités des
rochers escarpés.

HIBOU MOYEN-DUC. — STRIX OTUS.

Les noms de ce rapace découlent des étymologies données précédemment. Cet oiseau, assez commun en Anjou,
niche ordinairement dans les nids abandonnés des corneilles, des pies ou des écureuils, et pond quatre ou cinq
œufs blancs et un peu oblongs, dont la longueur varie
de 0^m,036 à 0^m,038, et le diamètre de 0^m,030 à 0^m,032.

HIBOU PETIT-DUC OU SCOPS.

Ce dernier mot me semble composé de σκία, ombre, et
ὤψ, voix, ou de σκιά et ὤψ, ὠπός, regard ; ces deux explications lui conviennent également ; il voit dans les ténèbres
et aime à se cacher sous les feuilles de noyer et à faire
entendre pendant le jour un son très-fortement sifflé.
Peut-être ce nom pourrait-il venir encore de σκώπτω, rail-
ler, et retracer ainsi l'impression qu'on éprouve à l'égard
d'un oiseau impossible à découvrir malgré ses cris, et
dont le sifflement persévérant paraît être une raillerie.
Ce hibou voyage quelquefois par petites bandes en
Anjou et surtout dans le Saumurois. Il pond, vers la fin
d'avril, quatre ou cinq œufs blancs et presque ronds, de
0^m,028 à 0^m,030 de longueur, et de 0^m,026 à 0^m,028 de
diamètre. Quelques-uns de ces œufs ont une couleur d'un
jaune foncé qu'on doit attribuer à leur séjour dans le
creux humide des vieux arbres auxquels ils sont confiés.

Tous les rapaces nocturnes dont nous venons d'énumérer les noms se réfugient régulièrement pendant le
jour dans les trous des arbres, sous le feuillage épais des

forêts ou dans les crevasses des murs des vieux châteaux. Cette habitude peut fournir une autre explication du mot ægolien, en le faisant dériver d'une particule, telle que ἀι pour ἀεί toujours, et γωλέον ou γωλέος, caverne (Alexandre), qui aime, qui recherche l'obscurité des cavernes. Leur but est de se soustraire à l'action de la lumière qui fatigue leurs yeux, pourvus d'une double paupière, et cependant incapables de recevoir des rayons trop vifs, à cause de l'extrême sensibilité de leur vue, que l'on doit attribuer au grand épanouissement du nerf optique. Aussi, quand, par une cause quelconque, ils sont forcés d'abandonner leur réduit, d'interrompre leur sommeil et de s'exposer à l'éclat d'une lumière vive, ils se livrent alors à une série de grimaces et de poses bizarres qui les rendent un sujet de risée pour tous les autres oiseaux. Ce qui contribue encore à donner aux rapaces nocturnes une physionomie ridicule, c'est l'absence du cou qui est remplacé chez tous les oiseaux de ce genre par une espèce de pivot sur lequel la tête repose et peut tourner en tous sens, comme une toupie sur son point d'appui. Les oiseaux n'ayant rien à craindre d'un ennemi à moitié endormi et ébloui par l'excès de la lumière, l'attaquent alors avec acharnement. Mais malheur aux assaillants quand le crépuscule arrive avant la fin du combat, car les rôles changent, et souvent plusieurs des agresseurs paient de leur vie une attaque dictée par la lâcheté.

L'homme a su profiter de cette particularité pour attirer et prendre les oiseaux, soit en se servant des chouettes, soit en contrefaisant leur voix. Les gros oiseaux viennent plus facilement au cri du moyen-duc, et les petits à la voix de la hulotte. C'est aussi cette chasse, nommée *pipée*, qui avait fait appeler *chevêche* un ancien jeu de cartes, dans lequel celui qui faisait la chouette luttait contre plusieurs adversaires.

Je termine ce travail sur les rapaces nocturnes en joi-

gnant ma voix à celle de tous ceux qui ont étudié les
mœurs de ces oiseaux, pour réclamer contre l'ingratitude
des villageois qui poursuivent à outrance, par tous les
moyens possibles, ces rapaces dont ils devraient, dans
l'intérêt de l'agriculture, faciliter la propagation.

Ces rapaces sont en effet les vrais amis des cultivateurs, et pendant que ceux-ci se reposent des fatigues du
jour, les chouettes sortent de leurs retraites pour veiller
à la conservation des semences, objet de tant de soins et
de soucis. Elles parcourent les champs, dévorent les souris, les mulots, les taupes, les gros insectes, et ne de-
mandent pour toute récompense qu'un asile dans le trou
d'un vieil arbre. Là elles se réunissent quelquefois en
grand nombre pour se réchauffer pendant l'hiver, et font
entendre des cris sourds et prolongés qui effraient les habitants de la campagne et constituent le seul grief qu'on
puisse reprocher aux rapaces nocturnes. Les anciens
avaient justement apprécié les services rendus par les
nyctérins en consacrant la chouette à Minerve, personnification de la guerre unie à la vigilance et à la sagesse,
et, chaque année, les naturalistes peuvent constater
d'une manière bien évidente les services rendus par les
rapaces nocturnes à l'agriculture. Quand le froid se fait
sentir et qu'une couche épaisse de neige s'étend comme
un linceul sur les contrées scandinaves, des myriades de
rats et de mulots descendent de ces régions glacées et
s'avancent en légions innombrables vers les contrées du
centre de l'Europe. Comme les anciennes troupes des
hommes du Nord, elles sémeraient partout sur leur passage la ruine et la dévastation, si cette terrible émigration n'était arrêtée dans son cours par un adversaire re-
doutable. Cet adversaire est le hibou brachyote, dont les
bandes nombreuses se pressent à la poursuite des mulots
et des rats scandinaves et en immolent des quantités
considérables.

Ajoutons que les Grecs attribuaient à la chouette la connaissance de l'avenir. Les monnaies d'Athènes portaient d'un côté la tête de Minerve, et de l'autre une chouette ; de là l'usage, chez les Athéniens, de donner quelquefois le nom de *chouette* aux pièces de monnaie.

DEUXIÈME FAMILLE DES RAPACES.

Rapaces diurnes ou Accipitrins.

L'adjectif *diurnes*, dont la racines est *dies*, jour, convient parfaitement aux rapaces qui ne fuient pas la lumière pour se livrer à la chasse ; il en est de même du mot *accipitrins*, dérivé d'*accipiter*, oiseau de proie, voleur, qui lui-même vient d'*accipio*, capturer, prendre.

Le 1er genre de cette famille comprend les Vautours auxquels appartiennent les Cathartes.

CATHARTE PERCNOPTÈRE OU ALIMOCHE. — CATHARTES   •
PERCNOPTERUS.

Un jeune catharte mâle a séjourné pendant quelque temps dans l'arrondissement de Beaupréau et a été tué le 19 octobre 1854. Il fait partie du cabinet de M. Guillou de Cholet, où je l'ai vu en septembre 1855. Un autre catharte est resté deux jours, en janvier 1855, à rôder autour d'un établissement d'engrais animal, à 2 kilomètres de Cholet, et a été poursuivi par MM. de Beauvoys, notaire, et Houdet, docteur-médecin.

Mais avant d'inscrire le catharte dans la Faune de Maine et Loire, il me semble nécessaire de développer un principe propre à résoudre une question débattue depuis quelque temps. Composer la Faune ornithologique d'un pays, c'est faire le catalogue complet des oiseaux qui s'y rencontrent, décrire leurs mœurs, les variations qu'ils subissent dans leurs plumages et leurs dimensions selon l'âge, le sexe et la mue; c'est indiquer s'ils sont sédentaires, de passage accidentel ou régulier. Quand on attribue à chaque oiseau la manière d'être qui lui convient, on est dans le vrai; l'erreur ne se produit que lorsque l'auteur établit de nouvelles espèces qui n'existent pas réellement; lorsqu'il donne comme sédentaires des espèces qui ne sont que de passage, ou enfin lorsque, confondant des espèces différentes, il constate la présence d'oiseaux qui n'ont jamais visité la contrée. Ces principes ont été admis par Linnée, Buffon, Cuvier, Temmink, Dégland, pour l'ornithologie européenne; ils ont servi à classer toutes les collections des musées. N'admettre, comme appartenant à la Faune de l'Europe, que les oiseaux qui s'y propagent, ce serait bouleverser tous les musées et en exclure plus de la moitié des oiseaux qui les composent maintenant. MM. Crespon, Bailly, Millet et tous les auteurs ont adopté les mêmes principes pour l'ornithologie particulière; modifier cette marche générale, ce serait supprimer au moins un des volumes de la Faune de Maine et Loire et rendre inutile toute espèce de supplément. Je crois donc que dire : un oiseau a visité un pays, lorsqu'il y a été tué dans l'état de liberté, c'est enregistrer un fait vrai et fournir un renseignement précieux pour des recherches subséquentes. De nouvelles preuves viennent se joindre aux faits avancés et fortifier les assertions précédentes. Ainsi le martin-roselin, dont l'apparition était regardée comme un fait très-rare, a été tué cette année sur plusieurs points de notre département à des époques différentes; en juin 1855, par MM. de Monfrière, et en septembre par M. Charles, vétérinaire à Cholet.

J'admets donc le catharte comme oiseau de passage

accidentel. Ce rapace appartient aux vautours, dont le nom latin, *vultur*, désignait, d'après Sénèque, ceux qui vivaient d'héritages, expression très-juste pour déterminer des oiseaux lâches qui se nourrissent de cadavres, héritage que leur lègue la mort. Leur cou long et dénudé en partie ou en totalité, a procuré aux vautours le nom de *nudicoles*, et leur permet de plonger plus facilement la tête dans les cadavres pour en dévorer les intestins. Chez tous les vautours l'œsophage est pourvu d'un renflement ou jabot qui fait saillie à la base du col et retombe sur la poitrine comme une besace trop chargée. Très-souvent les vautours absorbent plus de nourriture que ne peut en contenir le grand réservoir dont la Providence les a gratifiés dans l'intérêt de la salubrité des pays qu'ils habitent. Dès lors ils s'envolent péniblement loin des lieux que leur voracité a purifiés et vomissent sur des rochers escarpés une partie de la nourriture entassée dans leur prodigieux jabot. Cette voracité extrême est la cause de la perte des condors et des vautours. En Amérique surtout, les habitants tendent des piéges à ces oiseaux en accumulant dans des endroits isolés, un grand nombre de cadavres d'animaux. Les condors se réunissent pour assouvir leur faim insatiable, et les naturels profitent du demi sommeil forcé qu'une digestion pénible impose à ces oiseaux, pour les tuer à coups de bâton. Le nom de catharte, de καθαίρω, purger, indique les habitudes de ces oiseaux et les services qu'ils rendent dans les pays où la chaleur et la malpropreté des habitants s'unissent pour rendre le climat peu salubre. Les cathartes sont très-nombreux à Constantinople et en Egypte, où autrefois ils étaient connus sous le nom de poules de Pharaon et réputés sacrés. Dans ces pays, chaque jour les cathartes délivrent les villes des immondices qui y séjourneraient longtemps sans leur concours. En Amérique, ils rendent les mêmes services et sont sous la protection des lois. Pour pouvoir remplir la mission qui leur a été confiée, la Providence a doué ces oiseaux d'un odorat très-développé et qui, d'après Duméril et plusieurs autres naturalistes, leur permet de découvrir les cadavres à une distance de plus de 50 kilomètres. La salive purulente qui suinte perpétuellement des larges narines des vautours en répandant une odeur fétide, jouerait-elle un certain rôle dans l'odorat extraordinaire dont ils sont doués? Quand, pendant l'hiver de 1855, le froid et les privations moissonnaient les chevaux des alliés en Crimée et menaçaient d'engendrer des maladies pestilentielles, les cathartes, attirés par les émanations des cadavres, se réunissaient par centaines, s'abattaient tous les soirs sur le camp comme un nuage épais et ne laissaient le lendemain matin que des os blanchis et desséchés. Gérard a souvent constaté des faits de cette nature dans le cours de ses chasses en Algérie. « Lorsque « je désire, écrit-il, conserver comme appât un des bœufs « égorgés la veille par le lion, je le couvre de plusieurs « couches épaisses de branches afin de le dérober le plus « possible à la vue et à l'odorat des vautours et des ca- « thartes; les bœufs qui n'ont pas été soumis à ces pré- « cautions ne m'offrent le soir qu'un squelette entière- « ment dénudé et fouillé en quelque sorte avec le scalpel. »

L'adjectif percnoptère, de περχνός, noirâtre, moucheté de noir, et de πτέρον, aile, indique que les grandes pennes des ailes sont noires, tandis que le plumage général des adultes est d'un blanc jaune, varié de brun et de roussâtre. Le plumage des jeunes diffère essentiellement de celui des adultes; il est d'un brun noirâtre strié de taches roussâtres qui s'harmonisent ensemble sans se confondre. Le plumage de cet oiseau devient de plus en plus blanc à mesure qu'il vieillit. La plupart des naturalistes modernes donnent au catharte le nom de Néophron, en mémoire des infortunes du fils de Tymandre, changé en vautour par Jupiter. Le mot *alimoche*, qui servait à le désigner ordinairement, paraît abandonné des savants modernes. De tous les noms du catharte, celui d'alimoche est cependant le plus convenable. Composé de ἀ et λιμός, très-affamé, ou de ἀ, λιμός, faim, et ἔχω, avoir, il représente très-exactement les habitudes d'un oiseau qui est assez affamé pour accepter comme nourriture les immondices et les cadavres en putréfaction.

Le catharte est le plus petit et le plus sale de tous les vautours. Méfiant et rusé, il vit principalement de cadavres et d'immondices, et quelquefois de tétras, de rats et de taupes. Il niche dans des endroits inaccessibles, pose son aire dans les crevasses des rochers. Cette aire est formée de petites branches, garnie de mousse et défendue sur le bord par des épines. La femelle pond dans les mois de mai ou de juin un ou deux œufs dont la longueur et le diamètre varient beaucoup ainsi que la forme et la couleur. Ils ont ordinairement $0^m,064$ de longueur et $0^m,052$ de diamètre. La plupart sont d'un blanc sale pointillé de rougeâtre ou de violet pâle. Quelquefois les taches forment une couronne ou une calotte vers le gros bout ; d'autrefois le rouge est d'une couleur si prononcée qu'il couvre entièrement la coquille et la fait ressembler aux *œufs de Pâques*. Quelques-uns enfin sont moitié rouges et moitié blancs.

Plusieurs fois, dans le cours de ce travail, j'aurai l'occasion de comparer les nuances de certains œufs à celles des œufs que l'on distribue aux enfants et même à de grandes personnes dans les jours qui précèdent la solennité de Pâques, et que, pour cette raison, on appelle *œufs de Pâques*. Peut-être ne serait-il pas sans intérêt de rappeler ici l'origine de cette coutume et les circonstances qui l'ont modifiée dans le cours des siècles.

L'historien Alius Lampridius dit que, le jour de la naissance de Marc-Aurèle Sévère, une des poules de la mère de ce prince avait pondu un œuf dont la coquille était couverte presque entièrement de taches rougeâtres. Cette princesse fut frappée de cette particularité et elle s'empressa d'aller en demander la signification à un devin renommé. Celui-ci, après avoir examiné la coquille de l'œuf, répondit que cette nuance annonçait que l'enfant nouveau-né serait un jour empereur des Romains. Pour ne pas exposer son fils à des persécutions, la mère garda son secret jusqu'en 224, année dans laquelle Marc-Aurèle fut proclamé empereur. Depuis ce moment, les Romains contractèrent l'habitude de s'offrir des œufs dont la coquille était revêtue de différentes couleurs, comme souhait d'une bonne fortune.

Les chrétiens sanctifièrent cette coutume et y attachèrent une pensée de foi. En distribuant des œufs dans le temps pascal, ils se souhaitaient mutuellement une royauté, celle de triompher de leurs penchants, et à l'exemple de Jésus-Christ, de régner sur le monde et sur le péché. Les œufs de Pâques avaient donc pour but de rappeler à ceux auxquels ils étaient offerts, que, comme Marc-Aurèle, ils étaient appelés à régner et que, dès lors, ils devaient s'y préparer.

Le jour de Pâques, à la cathédrale d'Angers, deux ecclésiastiques sous le nom de *corbeilliers* se rendaient après Matines à la sacristie, prenaient l'amict sur la tête, la barette sur l'amict, se revêtaient de l'aube, de gants brodés, de la ceinture et de la dalmatique blanches, puis, sans manipule et sans étole, ils se dirigeaient vers le *tombeau*. Là, chacun d'eux prenait un bassin sur lequel reposait un œuf d'autruche, couvert d'étoffe blanche, puis se rendait au trône de l'évêque. Le plus âgé des deux s'approchait de l'oreille droite de l'évêque et en lui présentant le bassin contenant l'œuf d'autruche, disait tout bas, d'un air mystérieux : *Surrexit Dominus, Alleluia! Le Seigneur est ressuscité, Alleluia!* L'é-

vêque répondait : *Deo gratias, Alleluia! Grâces à Dieu.
Alleluia!* Le deuxième corbeillier faisait la même chose
du côté gauche. Puis, chacun d'eux parcourait tous les
rangs des ecclésiastiques, l'un à droite, l'autre à gauche,
en commençant par les plus dignes, répétant les mêmes
paroles et recevant la même réponse. Les œufs étaient
ensuite reportés à la sacristie sur les bassins.

Ces œufs, annonçaient la royauté de Jésus-Christ, le
commencement de son règne fondé sur sa résurrection.
L'œuf de l'autruche avait paru symboliser plus qu'aucun
autre la résurrection spontanée de Jésus-Christ, puisque,
abandonné à lui-même, il éclot sous l'influence seule
du climat brûlant des déserts. Le petit, pour sortir
vivant de la coquille qui le retient captif, n'a besoin du
secours ni de son père ni de sa mère, mais il sort triom-
phant par sa propre puissance. Dans un certain nombre
d'églises on remarque des œufs d'autruche suspendus
devant l'autel principal comme souvenir de la résurrection de Jésus-Christ, base et fondement de la religion
catholique. Dans quelques autres, les œufs d'autruche
remplacent le gland placé ordinairement au-dessous de
la lampe qui brûle jour et nuit devant le Saint-Sacre-
ment, touchant symbole de ces paroles : *Christus surrexit , jam non moritur*..... « Le Christ est ressuscité,
il ne meurt plus et il répand la lumière, l'onction et la
force maintenant et dans les siècles des siècles. »

Le deuxième genre des Accipitrins comprend les
faucons proprement dits.

L'étude de ces oiseaux présente de graves difficultés,
parce qu'il existe de grandes variations dans leur plumage et dans leurs proportions selon l'âge, le sexe et la
mue. Ces variations ont trompé beaucoup de naturalistes

qui ont multiplié les espèces avec d'autant plus de facilité que les faucons, par leur vol hardi et rapide, et l'escarpement des lieux où ils se réfugient ordinairement, laissent à peine aux naturalistes le temps d'étudier leurs mœurs. Quelques remarques préliminaires pourront aider à distinguer et à classer les faucons.

Les jeunes ressemblent presque toujours à la femelle qui est beaucoup plus grosse que le mâle; tous les faucons ont des taches assez prononcées sur les plumes du ventre; ces taches s'effacent avec l'âge et disparaissent presque entièrement chez les vieux sujets. Lorsque les adultes portent les taches dans le sens horizontal, les jeunes les ont dans le sens perpendiculaire. Les jeunes enfin sont toujours plus fauves que les vieux; c'est cette particularité qui a fait donner aux premiers le nom de faucons *sors, saures,* vieux mot qui signifie *de couleur jaune,* comme on le voit par le mot *hareng-saur.*

Les faucons sont, de tous les rapaces, ceux dont le courage est le plus franc et le plus grand relativement à leurs forces. Ils fondent presque tous perpendiculairement sur leur proie sans reculer devant aucun ennemi. Leur courage les avait fait remarquer des chevaliers du moyen âge, juges compétents en bravoure et même en témérité. Ceux-ci avaient utilisé les instincts des faucons en les soumettant à une éducation longue et pénible qui les rendait aptes à une chasse dont le produit revenait à leurs maîtres. L'art d'élever le faucon prit bientôt de grandes proportions et constitua la *fauconnerie,* étude à laquelle s'adonnèrent les seigneurs et les vilains pendant une longue série d'années. L'amour de la fauconnerie devint si vif que les seigneurs et les rois de France se livrèrent à cet amusement, même en Palestine, pendant les Croisades. Ces expéditions nous rappellent un fait curieux transmis par un historien de ces temps de ferveur chevaleresque : « Parmi les faucons du roi de

« France, il s'en trouvait un de couleur blanche et d'une
« espèce rare. Le roi aimait beaucoup cet oiseau, et cet
« oiseau aimait le roi de même. Ce faucon s'étant échappé,
« alla se percher sur les remparts de Ptolémaïs ; toute
« l'armée chrétienne fut en mouvement pour rattraper
« l'oiseau fugitif. Comme il fut pris par les musulmans
« et porté à Saladin, Philippe envoya un *ambassadeur* au
« sultan pour le racheter, et fit offrir une somme d'or
« qui eût suffi à la rançon de plusieurs guerriers chré-
« tiens. »

Les faucons volent avec une rapidité extraordinaire ;
ils doivent cette puissance de vol à la conformation de
leurs ailes. La deuxième remige est beaucoup plus
longue que la première et la troisième ; particularité qui
donne à leurs ailes la forme d'une faulx et leur a mérité
selon quelques auteurs, le nom de faucheurs, *falcati*.
Tous les oiseaux de ce genre, bien différents, en cela, des
hommes, deviennent plus beaux à mesure qu'ils vieil-
lissent ; tous donnent à leurs maîtres des preuves multipliées d'un attachement sincère et d'une fidélité inalté-
rable.

Les faucons les plus propres à la chasse sont le *ger-
fault*, le *pèlerin*, le *hobereau* et l'*émerillon*. Tous ont le
bec échancré de chaque côté en forme de dent, particularité qui est d'une grande utilité pour dépecer leurs victimes et sert en même temps à les distinguer des autres
oiseaux de proie. Les faucons présentent une singularité
qui n'a pu être expliquée jusqu'à ce moment-ci d'une
manière satisfaisante et qui se retrouve aussi chez les
autres rapaces, mais avec un caractère moins prononcé.
La femelle est beaucoup plus grosse que le mâle, circonstance qui fait donner à un certain nombre de ces accipitrins le nom de *Tiercelets*, parce que la différence entre
le mâle et la femelle est souvent du tiers de la grosseur
totale. Deux raisons me paraissent justifier cette disposi-

tion : La grosseur des femelles peut être attribuée au *cœcum* qui est double chez elles et simple dans les mâles (le cœcum est une branche des intestins placée entre l'intestin grêle et le colon), ou plutôt à l'attention de la Providence qui a départi plus de force à la femelle. Elle est presque seule chargée de pourvoir à la nourriture de ses petits, et elle ne peut la leur procurer que par des courses pénibles et des combats incessants. Cette supériorité de courage et de force dans la femelle est confirmée par l'*Histoire de la Fauconnerie*. Le mâle était consacré à prendre les perdrix, les geais, les merles, les alouettes, et la femelle, à la chasse du lièvre, du milan et même de la grue.

Cinq de ces faucons habitent ou visitent l'Anjou.

FAUCON PÈLERIN. — FALCO PEREGRINUS.

Ce bel oiseau, qui chaque année traverse deux fois l'Anjou en immolant bon nombre de victimes, doit son nom à son amour et à son besoin des excursions, des pérégrinations : *peregrinare*, voyager, qui dérive lui-même de *per agros*, à travers les champs. Cette dernière étymologie fait connaître exactement la manière de chasser de ce faucon qui vole en rasant la surface des champs avec une grande rapidité pour lever et saisir les oiseaux cachés dans l'herbe et derrière les mottes de terre. Cet oiseau pond, sur une aire plate formée de petites branches recouvertes de racines et de mousse, trois ou cinq œufs un peu arrondis, d'un rouge de brique plus ou moins vif, sur lequel on aperçoit des taches de brun qui forment en quelque sorte une deuxième couche irrégulière plus foncée que la première. Ces œufs pourraient être confondus avec ceux de la buse bondrée, mais ils sont généralement plus gros et ont deux caractères communs à tous les faucons. La coquille est plus légère que celle des autres rapaces, puis elle est blanche à l'intérieur, tandis que celle des buses est d'un vert plus ou moins foncé. Les œufs du faucon pèlerin ont ordinairement $0^m,054$ de longueur et $0^m,040$ de diamètre. L'aire de ce rapace est confiée aux anfractuosités des rochers ou aux buissons touffus qui se trouvent sur le versant des montagnes exposées au midi. Le faucon pèlerin, comme tous les oiseaux dont quelques couples nichent indifféremment dans les forêts ou sur les montagnes, varie dans le temps de sa ponte. Ceux qui choisissent les rochers escarpés pour y élever leurs petits, pondent presque un mois plus tard que ceux qui nichent dans les forêts. Les couples qui se reproduisent dans les Pyrénées ont des œufs dès le mois de février. Le vol du pèlerin est si puissant qu'il visite chaque année presque toutes les contrées de l'Europe. Plusieurs fois, depuis 1850, quelques-uns de ces rapaces se sont arrêtés sur la tour de la Trinité et sur les flèches de la cathédrale, pour y séjourner pendant plusieurs jours. De ces points culminants ils se précipitaient sur les pigeons qui voltigeaient autour des maisons de la ville, les enlevaient avec la rapidité de l'éclair et les mangeaient après les avoir plumés à loisir, malgré les cris des curieux, témoins de ce spectacle.

FAUCON HOBEREAU. — FALCO SUBBUTEO.

L'épithète donnée à ce rapace peut venir du vieux mot français *hober*, voyager souvent, gêner ses voisins, ou de *hobel*, oiseau de proie du genre milan, d'où hobereau, petit milan. Ce faucon chasse souvent et son voisinage est peu agréable à bien des oiseaux. C'est lui qui avait donné son nom aux petits seigneurs du moyen âge, désignés sous le nom de hobereaux, parce qu'ils étaient les tyrans de leurs voisins ou de leurs serfs. Quelques auteurs pensent que l'on avait appelé ainsi les seigneurs qui, n'ayant pas les ressources nécessaires pour avoir une fauconnerie complète, se bornaient à élever quelques hobereaux qu'ils portaient sur le poing. *Subbuteo* signifie soubuse, nom donné autrefois à un certain nombre de rapaces, mal classés, mal déterminés. Était-ce parce que ces oiseaux sont inférieurs à la buse par les dimensions de leur taille et par la puissance de leur voix? Quoi qu'il en soit, le hobereau l'emporte sur la buse par l'énergie et le courage. Ce rapace paraît ne pas connaître et ne pas craindre l'effet des armes à feu. Quand il aperçoit un chasseur accompagné de son chien, il le suit ou le précède, saisit le gibier que le chien a fait lever soit avant qu'il ait été tiré, soit après, et souvent il presse avec une telle ardeur la proie que le chien a lancée, que le chasseur abat d'un même coup de fusil le hobereau et sa victime. Ce faucon, que l'on confond quelquefois avec l'émerillon, s'en distingue par des proportions plus fortes, une moustache plus prononcée, des ailes plus longues et la couleur des plumes du ventre qui sont blanchâtres chez le hobereau et de couleur fauve chez l'émerillon. Le hobereau pond dans le mois de mai quatre ou cinq œufs d'un blanc sale pointillé de rouge et de petites taches noirâtres ou olivâtres qui forment quelquefois une couronne vers le gros bout. Ces œufs sont un peu plus oblong que ceux des autres faucons et ont ordinairement $0^m,035$ de longueur et $0^m,027$ de diamètre. L'aire de ce rapace est construite comme celle du pèlerin, mais il la confie à la cime des arbres les plus élevés. Quelques-uns de ces nids ont été trouvés en Anjou, et j'ai reçu cette année des œufs de hobereau dénichés dans la forêt de Brissac.

FAUCON ÉMERILLON. — FALCO ÆSALON.

Le mot émerillon vient de l'italien *smerglione*, en ajoutant un *e* devant, comme espérance de *speranza* et

épervier, espervier, de *sparvarius*. Etant formé d'une particule et d'un nom qui signifie merle, il ferait connaître
que ce faucon chasse les merles. Dans cette hypothèse,
le mot émerillon conviendrait encore beaucoup mieux à
l'épervier que les gens de la campagne appellent dans
leur langue expressive, *fesse-merle*. Ce faucon hobereau
est désigné en italien par le mot *smerlo*, qui a la même
signification. Le mot savant peut dériver de ἀεί, ἀΐ, toujours, et σαλεύω, agiter, dont la racine σάλος, agitation des
flots, indique d'une manière expressive les mouvements
incessants et rapides de ce rapace. Mais la véritable racine
est αἴθαλος, noirci par le feu, dont le principe est αἴθω, brû-
ler. Cette dénomination convient à l'émerillon sous ce
double rapport. Il est très-ardent à la chasse, il brûle, il
dévore sa proie; quant à son plumage, d'un jaune noirâtre, il semble avoir été noirci par la fumée. Dans plusieurs ornithologies on le nomme *rochier* et *litofalco*, faucon des rochers, parce qu'il aime à construire son aire
dans les fentes des rochers des régions froides et boisées
du nord de la Russie. L'émerillon, à cause de sa légèreté
et de ses formes gracieuses, était recherché des jeunes
pages et des dames qui accompagnaient les seigneurs dans
leurs chasses. Ce petit rapace a un vol très-rapide et l'on
cite un fait remarquable de sa puissance. Un émerillon
appartenant à Henri II s'emporta après une canepetière
dans une chasse aux environs de Paris, et fut pris le lendemain dans l'île de Malte, où il fut reconnu à l'anneau
royal qu'il portait au tarse. La femelle de cette espèce
n'est guère plus grosse que le mâle; elle pond vers le
mois de mai, dans un nid suspendu à la cime des arbres,
cinq ou six œufs moins gros que ceux du hobereau, plus
ronds, d'un rouge pâle parsemé de taches d'une couleur
plus foncée.

FAUCON A PIEDS ROUGES, KOBEZ. — FALCO RUFIPES.

Ce faucon, un des plus petits et un des plus gracieux du genre, doit son nom à la couleur des pieds du mâle. L'adjectif *vespertinus*, sous lequel il est classé dans plusieurs musées, peut lui avoir été donné à cause de la couleur des plumes du mâle qui sont d'un noir pâle et sombre comme les premières ténèbres de la nuit, ou à cause de son habitude de rechercher les endroits les plus obscurs des forêts pour se cacher sous le feuillage et y guetter sa proie. Cet oiseau niche dans le nord de la Russie et dépose, dans une aire placée à l'extrémité des arbres, trois ou cinq œufs un peu plus petits que ceux de l'émerillon et dont le fond plus blanc est parsemé de petits points rouges. L'épithète de *kobez* ou *kober*, sous laquelle ce rapace est connu généralement, est le nom populaire qui lui est donné en Russie où il est très-commun. Ce faucon visite très-rarement l'Anjou ; il vit plutôt d'insectes que d'oiseaux.

FAUCON CRÉCERELLE. — FALCO TINNUNCULUS.

Le nom de crécerelle vient de κρέξ, κρεκός, criard, et désigne le rapace dont la voix a quelque chose de strident et de répété, assez semblable au son de l'instrument qui, dans les communautés, remplace les cloches aux jours de deuil. *Tinnunculus* peut dériver de τινάσσω, darder, agiter, et ὄνυξ, ongle. Cette étymologie serait alors fondée sur une habitude particulière à ce faucon qui, pour chasser sa proie, s'élève à des hauteurs prodigieuses, se soutient en l'air sans grande rapidité jusqu'à ce qu'il ait aperçu une victime. Alors il se laisse tomber avec la rapidité de la flèche pour se relever perpendiculairement en emportant sa proie dans ses serres. Une autre explication, peut-être plus naturelle, ferait dériver *tinnunculus* de *tenuis*, petit, faible, et *uncus*, crochet, serres, étymologie que confirmerait la terminaison *ulus*, qui indique presque toujours un diminutif, et la nature de ce faucon qui, sous le double rapport du bec et des serres, est le moins bien armé de tous les faucons proprement dits. Aussi, sous le règne de Louis XIII, l'avait-on, un peu par mépris, dressé à la chasse de la chauve-souris. Enfin *tinnunculus* vient peut-être de *tinnulus* qui signifie clair ; dès-lors ce mot pourrait s'appliquer à la crécerelle, parce que son plumage est moins foncé que celui des autres faucons, ou plutôt, parce qu'elle fait entendre un cri perçant et clair : *vocem reddit tenuem et tinnulam.* Ce rapace, autrefois très-commun en Anjou, est devenu rare à cause de la guerre incessante qu'on lui fait. Il niche ordinairement dans les vieilles masures, surtout lorsque l'ouverture des crevasses est dérobée aux regards par des festons de lierre ; d'autres fois, il choisit quelque vieux nid abandonné par les pies ou les corneilles. Souvent un couple revient plusieurs années de suite dans le même nid. Ainsi, depuis trois ans, un couple de crécerelles a établi son domicile au sommet de la tour Saint-Aubin, et à chaque printemps, pendant quelques mois, lorsque les petits sont assez forts pour essayer leur vol, on peut jouir du spectacle intéressant de l'éducation de ces jeunes rapaces. Le père et la mère les accompagnent dans leur vol, les excitent et les modèrent tour à tour, leur apprennent à poursuivre et à saisir leurs victimes. Un cri très-accentué et très-différent se fait entendre selon que les petits ont arrêté ou manqué la proie qu'ils poursuivaient. C'est une marque de satisfaction ou un reproche qui s'échappe d'une manière stridente du gosier du père ou de la mère. Dans les premières courses à travers les régions de l'air les petits sont accompagnés de l'un et de l'autre. Ceux-ci voltigent autour d'eux, les soutenant en quelque sorte de leurs ailes. Bien des fois j'ai vu ou le père ou la mère diriger, par ses cris et par son vol, vers les bancs de fer qui entourent le sommet de la vieille tour Saint-Aubin, le petit qui paraissait fatigué et que ses parents jugeaient avoir besoin de repos.

Les œufs, au nombre de cinq à sept, sont déposés sur des débris de racines, de mousses ou de feuilles desséchées, et ont 0^m,035 de longueur et 0^m,026 de diamètre. Leur couleur d'un rouge plus ou moins foncé est striée de taches d'un brun rougeâtre. Les œufs des jeunes femelles sont moins chargés de taches et d'une couleur plus pâle que ceux des vieilles. Quelques-uns sont blancs, d'autres couleur isabelle.

La crécerelle vit moins solitaire que ses congénères, et il n'est pas rare de voir quatre ou cinq couples composer, en quelque sorte, une petite société dont les membres vivent en bonne intelligence et se soutiennent mutuellement dans leurs chasses et à l'approche du danger.

———

Le troisième genre des rapaces diurnes comprend les Aigles, qui se distinguent des autres oiseaux de proie par leur tête aplatie et le bec droit dont la mandibule supérieure est plus longue que l'inférieure et très-recourbée à son extrémité. Les aigles tiennent le premier rang parmi les rapaces par leur force musculaire, leur énergie et la puissance de leurs serres. Ils vivent tous de proie vivante, dédaignent les insultes des oiseaux plus petits qu'eux, enlèvent dans leurs serres les victimes qu'ils ont choisies pour les dépecer sur les rochers escarpés. Quand leur proie est trop pesante, ils la mangent sur place en abandonnant les débris aux autres rapaces. Quelquefois du haut des airs ils la laissent retomber sur les montagnes, afin de la briser et de l'emporter ensuite avec plus de facilité et moins de résistance. Leur aire est composée de perches de 1ᵐ,50 à 2 mètres de longueur, recouvertes de plusieurs couches de racines et de mousse grossière. Ces perches sont appuyées par leurs extrémités sur les rochers dans un lieu sec et inaccessible. Ce lit n'est abrité que par l'avancement des parties supérieures du rocher. Quelques-uns de ces rapaces nichent à la cime des arbres, dans les buissons touffus suspendus aux flancs escarpés des montagnes, ou enfin au milieu des roseaux des marais impraticables. L'aire des aigles sert au même couple pendant un grand nombre d'années. C'est dans ces nids que les femelles pondent un, deux ou trois œufs, et une seule fois par an. Cinq, sept et même dix jours s'écoulent entre la ponte de chacun de ces œufs. Le plus souvent un seul est fécond. La Providence a limité le nombre de ces terribles rapaces dans leur intérêt et dans celui de la propagation des autres oiseaux. Plus nombreux, les aigles exerceraient trop de ravages et ne pourraient se procurer assez de victimes pour leur subsistance. Ordinairement, quand deux œufs se sont trouvés féconds, on n'aperçoit qu'un seul aiglon vivant, l'autre a été tué par le mâle et est étendu sans vie sur le bord du nid. Ce n'est pas un motif de cruauté qui a poussé l'aigle à immoler son petit, mais l'impossibilité dans laquelle il s'était trouvé de pouvoir suffire à en nourrir plusieurs. Les aiglons restent en effet dans leur nid jusqu'à ce qu'ils soient assez forts pour vivre de leur propre chasse, et plusieurs faits, arrivés dans les Alpes et dans les Pyrénées, ont démontré la grande quantité de victimes que ces jeunes rapaces absorbent. Des familles entières ont vécu pendant trois ou quatre semaines des plus belles pièces de gibier qu'un montagnard hardi allait chaque jour, au moyen d'une corde nouée, chercher dans l'aire de ces infatigables chasseurs. Quand l'aiglon abandonne son nid, la femelle l'accompagne pendant quelque temps pour le protéger, et bientôt elle rejoint le mâle afin de chasser avec lui, après avoir toutefois éloigné son petit, même par la force. Tous deux ne laissent aucun autre aigle pénétrer dans le canton qu'ils ont choisi. L'un se tient dans un lieu élevé, tandis que l'autre bat la campagne. Presque toujours dans leurs courses ils partent et reviennent à la même heure, parcourant la même route ; on a pu constater cette habitude dans les deux couples de balbuzards qui ont séjourné cette année pendant plusieurs mois dans l'espace compris entre Bouchemaine et Ecouflant, qui était le théâtre de leur pêche abondante. Une vieille femelle, appartenant à un de ces couples, a été tuée par M. Garin. C'est cette habitude qui permet aux chasseurs de se placer en embuscade et de les faire tomber sous leurs balles. Les aigles chassent le plus souvent le matin et le soir, et se reposent pendant le milieu du jour. Ils s'élèvent à des hauteurs prodigieuses sans être gênés par les rayons du soleil dont ils supportent l'éclat, au moyen d'une deuxième paupière transparente qu'ils abaissent ou relèvent à volonté. C'est cette puissance de vol et cette facilité de braver les rayons du soleil qui ont donné lieu à toutes les fables de la mythologie et procuré à ces rapaces l'honneur d'être consacrés à Jupiter et de porter ses foudres ; l'un d'eux, le balbuzard, a même été appelé Pandion, πᾶς, tout, Διός, de Jupiter, orné de tous les dons de Jupiter ; ce nom rappelle aussi les malheurs du roi d'Athènes, dont les filles, Progné et Philomèle, furent métamorphosées en hirondelle et en rossignol. Les aigles vivent très-longtemps et blanchissent en vieillissant. Les maladies ou une longue diète produisent sur leur plumage le même résultat. Les aigles, comme tous les rapaces qui mangent des mammifères et des oiseaux, sont pourvus d'une poche analogue au jabot des pigeons ; en terme de fauconnerie, cette poche s'appelait la *mulette*.

Chez les aigles, la femelle commande toujours, et le mâle obéit avec une soumission qui semblerait prouver qu'il reconnaît son infériorité. Dans les circonstances difficiles, la femelle vient en aide au mâle, mais ordinairement elle jouit du spectacle des combats et des courses de celui-ci et n'abandonne son observatoire que pour partager le fruit de la victoire.

Six espèces d'aigles se sont montrées en Anjou.

AIGLE BONELLI. — FALCO BONELLI.

Le mot *aigle* est la traduction du mot latin *aquila*, qui lui-même peut être considéré comme un adjectif ajouté à *avis* ou à *falco*. Dans cette hypothèse, il signifierait, d'après son sens ordinaire, faucon brun et, selon Robert Estienne, faucon noir et mélangé de blanc, définition la plus exacte qui puisse s'appliquer à tous ces rapaces. L'aigle Bonelli porte le nom du savant professeur piémontais. Il a été décrit pour la première fois par le chevalier de la Marmora. Celui-ci l'avait tué dans les montagnes de la Sardaigne. Cet accipitrin se distingue des autres aigles par la couleur des plumes du ventre, d'une couleur de rouille striée de petites taches noirâtres en forme de larmes, par la petitesse de son bec, la force de ses serres et enfin la longueur de son tarse couvert jusqu'aux doigts d'un poil fin. Le plumage du ventre blanchit à mesure que l'oiseau devient plus adulte et les taches diminuent de grandeur et finissent par s'effacer presque entièrement. Le Bonelli habite quelques contrées méridionales de l'Europe ; un jeune mâle de cette espèce a été tué en Anjou, dans la forêt de M. le comte Walsh de Serrant. Cet aigle suspend son aire aux crevasses des rochers, pond un ou deux œufs de $0^m,068$ de longueur et $0^m,056$ de diamètre ; ils sont ordinairement d'un blanc sale ou d'un brun rougeâtre plus ou moins pâle, avec des taches effacées et formant des marbrures ou une deuxième couche irrégulière et plus foncée. Cet aigle est appelé souvent *fasciata* ou à queue barrée, parce que sa queue est marquée en dessous de neuf à dix bandes transversales.

AIGLE CRIARD. — FALCO NÆVIUS.

Cet aigle doit son nom vulgaire aux cris plaintifs qu'il pousse pendant ses chasses et même quand il est perché. Les épithètes *planga, clanga,* constatent la même habitude. On l'appelle aussi *anataria,* à cause de sa prédilection pour la chasse aux canards. Les noms scientifiques *nævius, maculatus,* font allusion à son-plumage d'un brun obscur et marqueté sur les jambes et sous les ailes de taches blanches. Il a aussi sous la gorge une grande zône blanchâtre. Cet aigle voyage quelquefois par bandes de quatre à six individus. Sa présence a été constatée plusieurs fois en Anjou, pendant l'hiver. Il suivait les bandes de canards ou d'oies sauvages qui lui fournissent une copieuse nourriture. Cet aigle pond vers la fin d'avril deux ou trois œufs qui varient beaucoup quant à la grosseur, la couleur et l'abondance des taches ou des raies. Ils ont le plus souvent $0^m,064$ de longueur et $0^m,056$ de diamètre. Quelques-uns sont d'un blanc sale tacheté de gris, de violet ou de jaune effacé ; d'autres ressemblent à ceux de la buse ordinaire, mais sont plus gros et portent des taches plus foncées qui forment une couronne vers le gros bout. La couleur verdâtre de l'intérieur de la coquille, commune aux buses et aux aigles, ne peut servir à les distinguer. D'après les études des naturalistes modernes, on distingue maintenant l'aigle criard, *Falco clanga,* et l'aigle tacheté, *Falco nævius.* Ce dernier est plus petit que le précédent.

AIGLE BOTTÉ. — FALCO PENNATUS.

Cet aigle très-petit et très-gracieux doit ses deux noms à ses tarses emplumés jusqu'aux doigts. Plusieurs couples ont habité l'Anjou et niché à la cime des forêts de Baugé et d'Ombrée, près Combrée. Ce rapace a souvent été pris pour la buse pattue, mais en dehors des signes caractéristiques des aigles, il s'en distingue encore par un bouquet de plumes blanches à l'insertion des ailes et par la couleur brune de sa queue ; celle de la buse pattue est blanche. Les œufs de l'aigle botté ont 0ᵐ,056 de longueur et 0ᵐ,042 de diamètre. Leur couleur est d'un blanc sale sur lequel se remarquent quelquefois des taches irrégulières et presque effacées d'un vert ou d'un jaune très-pâle. Quelques-uns sont parsemés de taches violettes, effacées et fondues dans la nuance blanchâtre de la coquille. Ils diffèrent de ceux de l'autour et de la buse commune par le grain de la coquille qui est couverte de petites aspérités.

AIGLE PYGARGUE. — AQUILA ALBICILLA.

Quelques naturalistes ont voulu séparer les pygargues des aigles proprement dits, mais leur opinion n'a pas été adoptée généralement. Cependant les pygargues se distinguent des aigles purs par leurs jambes nues, leur bec blanc ou jaune et par les lieux qu'ils fréquentent ordinairement. Ils n'habitent ni les lieux déserts, ni les hautes montagnes. Le nom de *pygargue* est formé de πυγή, fesse, queue, et ἀργή, blanche, nom qui lui convient très-bien, parce que cet aigle a les plumes de la queue d'un blanc pur quand il est adulte. On l'appelle *albicilla*, de *album*, blanc, et *cilium*, cil ; ses cils sont en effet d'un blanc très-prononcé. Buffon le nomme aussi orfraie, *ossi fraga*, qui brise les os, pour indiquer la puissance de son bec.

Les anciens le désignaient sous le nom de *hinnularia*,
de *hinnulus*, faon, parce qu'ils pensaient que cet aigle
était assez fort pour attaquer les jeunes daims et les
jeunes chevreuils. Sur les bords de la mer, le pygargue
se précipite avec une telle rapidité sur les phoques, qu'il
devient la victime de sa voracité. Ses serres se trouvent
engagées dans la peau des phoques qui le noient en en-
traînant au fond de la mer leur terrible adversaire. Cet
accipitrin paraît en Maine-et-Loire de temps en temps;
il y vit principalement de poissons et de canards. Ses
œufs, d'un blanc sale, sont quelquefois parsemés de
taches de rouille plus ou moins prononcées; leur coquille
est assez lisse, particularité qui les distingue de ceux du
Jean-le-blanc auxquels ils ressemblent souvent pour la
grosseur et même pour la forme, mais qui sont couverts
de petites aspérités. Ils ont $0^m,068$ de longueur et $0^m,054$
de diamètre. Le pygargue niche, dans le mois de mars,
sur les arbres des îles du Volga.

AIGLE BALBUZARD. — AQUILA HALIÆTA.

Le mot *balbuzard* est composé de deux mots anglais,
bald-buzzard : bald, chauve, et *buzzard*, aigle, oiseau de
proie chauve. Cette dénomination est fondée sur quelques caractères de ce rapace. Il a la tête très-aplatie et
recouverte de petites plumes effilées et blanchâtres, à
nervures noires et bordées, selon l'âge des sujets, d'un
blanc roussâtre. Ces plumes représentent une aigrette,
une petite perruque blanche repliée sur un fond noirâtre.
L'épithète *haliœtus*, de ἅλς, ἁλός, mer, ἅλιος, marin, et ἀετός,
aigle, indique les habitudes de cet oiseau, qui vit presque
exclusivement de gros poissons qu'il saisit en se préci-
pitant dans l'eau avec une telle rapidité que ses serres et
la moitié de son corps y pénètrent ordinairement. Ses
pieds, couverts de fortes écailles, servent à retenir sa

proie dans l'eau en l'empêchant de glisser entre ses serres. Il vit aussi d'oiseaux aquatiques. On l'appelle quelquefois *fluvialis*, parce qu'il aime à suivre le cours des fleuves dans ses chasses. Les ailes du balbuzard sont très-longues et son vol très-rapide. Il visite assez régulièrement l'Anjou, accompagnant dans leur émigration les oies et les canards sauvages. Le balbuzard se tient souvent à l'embouchure des fleuves, et là il déploie une énergie continuelle en pêchant les poissons qui abandonnent la mer pour remonter les eaux des rivières. Malheureusement, un rapace plus puissant le surveille : c'est le pygargue. Chaque fois que le balbuzard a saisi une proie importante, le pygargue se précipite sur lui et le force à lui céder le fruit de son travail. Le balbuzard ne se prête pas facilement à cette spoliation, et le plus souvent, il ne se reconnaît tributaire de son ennemi qu'après un combat terrible et prolongé. Comme beaucoup d'hommes, il préfère cependant renoncer à sa propriété que de sacrifier sa vie, surtout quand il s'est convaincu que toute nouvelle lutte est impossible. Il niche dans des marais impénétrables ou sur les rochers voisins de la mer, ou enfin à la cime des arbres plantés sur les bords du Volga. Ses œufs, au nombre de 3 à 4, ont $0^m,056$ de longueur et $0^m,042$ de diamètre et sont d'un blanc jaunâtre, parsemés de taches rougeâtres dont le centre est plus foncé que les bords ; ces taches font quelquefois une seconde couche presque compacte ; d'autres fois elles sont rares et se réunissent en couronne vers le gros bout ; enfin quelques-uns de ces œufs ne portent aucune tache et leur coquille semble veloutée ou couverte d'une couche de lait.

AIGLE JEAN-LE-BLANC. — AQUILA BRACHYDACTYLA, GALLICA.

Ce rapace, ainsi que le précédent, a été longtemps éloigné du genre des aigles, dont il n'a pas toute la grâce et l'énergie. Cependant il en possède les caractères généraux et dès lors il doit rester dans cette catégorie, afin de ne pas multiplier les divisions qui ne servent qu'à entraver l'étude de l'ornithologie. De face, il ressemble à l'aigle, et de côté, à la buse; son cou est très-court et sa tête très-épaisse. Il doit son nom vulgaire de *Jean-le-blanc* aux gens de la campagne, dont il visite souvent la basse-cour, et qui l'appelèrent *Maître-Jean*, parce qu'il venait exercer sans leur consentement les droits de grand seigneur et choisir à son gré les plus belles pièces parmi leurs volailles. Puis, comme Maître-Jean avait le ventre fauve et de couleur blanchâtre, il fut désigné sous le nom de Jean–le-blanc. Son nom scientifique *brachydactyla* (δάκτυλος, court, et βραχύς, doigt), indique que ses doigts sont beaucoup plus courts que ceux des autres aigles. L'épithète *gallica* fait connaître que cet aigle est commun en France. Il vit de volailles, de lézards et de serpents; aussi ses doigts sont-ils couverts de fortes écailles, comme préservatifs contre les reptiles qu'il dévore. Cet aigle, dont chaque année quelques couples nichent en Anjou, pond un ou deux œufs d'une grosseur presque démesurée, affectant ordinairement la forme ronde; ils sont d'un gris blanchâtre sur lequel se trouvent quelquefois des taches d'un jaune sale presque effacé. Leur longueur ordinaire est de $0^m,068$ et leur diamètre $0^m,056$.

La quatrième division des rapaces diurnes comprend les Autours. Plusieurs naturalistes ne renferment dans ce genre que l'autour proprement dit; quelques-uns l'étendent à l'épervier.

L'autour se distingue des autres rapaces par son bec qui n'est pas échancré comme celui des faucons, ni crochu comme celui des aigles, par la petitesse de ses ailes qui ne couvrent que les deux tiers de sa queue, enfin par quelques raies parallèles dans le sens de la longueur de la queue. La tête de l'autour est grosse et aplatie en avant. Tous ces caractères conviennent à l'épervier qui a la queue coupée carrément, tandis que celle de l'autour est arrondie, et dont les tarses sont beaucoup plus longs que ceux de l'autour.

AUTOUR. — ASTUR PALUMBARIUS.

Le nom d'*autour* me paraît attacher à cet oiseau une idée de ruse qui est confirmée par le mot latin *astur*, de *astus*, rusé, dont la racine primitive est ἄστυ, ville et finesse ; étymologie fondée sur l'opinion des anciens qui pensaient que les habitants des villes étaient plus dépourvus de simplicité que ceux de la campagne. Cette explication s'appuie sur le caractère de l'autour, moins courageux, mais aussi adroit que les faucons. Ce rapace se tient en embuscade sur la lisière des bois ou sur une motte de terre, le long des haies ; c'est de là qu'il poursuit ses victimes par un vol toujours oblique et cependant assez vif. Souvent il rase la terre, en décrivant des circuits autour des champs dans lesquels il espère découvrir une proie. Quand il l'aperçoit, il l'attaque rarement de front. Autour dérive plus probablement, toutefois, de *astur, as-turcus, asterias*, mots employés par Pline pour désigner ce rapace. Cette dernière dénomination *asterias*, étoilé, peint d'une manière frappante l'autour sur lequel semblent briller des étoiles que forment en se croisant les raies de son plumage. Quelques-uns pensent qu'il vient des Asturies où il est très-commun. L'adjectif *palumbarius*, de *palumbus*, ramier, indique le goût de l'autour pour les pigeons qu'il paraît chasser de préférence aux autres oiseaux. La beauté de ce rapace l'avait fait rechercher pour la chasse, mais il ne fut jamais classé dans la catégorie des oiseaux nobles. Il fut même généralement délaissé à cause de son caractère sanguinaire qui le porte à tuer les oiseaux renfermés avec lui. L'éducation de ce rapace pour la chasse avait donné lieu à l'autourserie qui constituait la fauconnerie des petits seigneurs et des simples particuliers. Aujourd'hui encore on se sert en Perse de l'autour pour chasser la gazelle; cet oiseau arrête ses victimes en leur crevant les yeux. Pour le former à ce moyen perfide de s'emparer des gazelles, on le force à chercher sa nourriture dans l'orbite des yeux d'une gazelle empaillée. L'autour est sédentaire en Anjou, il établit son nid dans les forêts à une hauteur moyenne. Ce nid plat, assez solide, mais peu façonné, est composé de petites branches, de feuilles desséchées et de mousse. Il contient ordinairement trois ou quatre œufs d'un blanc pâle et d'une légère teinte bleuâtre; ils peuvent facilement être confondus avec ceux du héron cendré. Ces œufs ont $0^m,054$ de longueur et $0^m,040$ de diamètre.

AUTOUR OU FAUCON ÉPERVIER. —— FALCO SPARVARIUS, NISUS.

L'adjectif *épervier* dérive du vieux mot *sparvarius*, qui signifie oiseau de rapine, et c'est encore sous ce nom qu'il est désigné dans un grand nombre de musées et de catalogues. Son nom scientifique est fondé sur un fait mythologique. Nisus, roi de Mégare, avait un cheveu d'or auquel était attachée la conservation de son royaume. Scylla, sa fille, éprise de Minos, coupa ce cheveu d'or et livra sa patrie et son père sans défense. Les dieux irrités changèrent Scylla en alouette et Nisus en épervier. Sous cette forme, le malheureux père poursuit sans cesse sa fille pour assouvir sa vengeance.

L'épervier confie à la cime des arbres un nid construit d'une manière grossière comme celui de l'autour; assez souvent il pond dans les nids abandonnés de pie ou de corneille, de cinq à sept œufs arrondis, longs de 0^m,040 et de 0^m,032 de diamètre. Ils ont le fond blanchâtre ou bleuâtre, parsemé de taches d'un rouge noir. Les uns sont presque entièrement couverts de ces taches, d'autres en ont très-peu, quelques-uns sont d'un blanc pâle et uniforme ; enfin on remarque sur certains de ces œufs des taches très-fortes, en forme de couronne, vers le gros bout ; chez d'autres ces taches paraissent en zig-zag.

Les anciens attachaient à l'épervier des idées mystérieuses ; ils pensaient que c'était lui qui engendrait le coucou.

Les Milans forment le cinquième genre de l'ordre des Accipitrins. Ils ont pour signes caractéristiques, un bec très-faible, crochu dès la base, les tarses emplumés au-dessous du genou, les ailes étroites et très-longues ainsi que la queue qui est fourchue.

MILAN ROYAL. —— FALCO MILVUS, REGALIS.

Milan est la traduction de *miluus* pour *milvus*, qui signifie oiseau de proie, et selon Plaute, voleur de bas étage. Cette signification convient parfaitement au milan. Ce rapace est vorace, insatiable, vivant de tout, dévorant les insectes, les reptiles, les mammifères, les oiseaux sans défense, les animaux et les poissons en putréfaction. Il se précipite sur tout, vole tout, pourvu qu'il n'y ait pas le moindre danger à courir. A la vue du plus petit rapace, il abandonne sa proie et s'éloigne avec la rapidité de la flèche. C'est grâce à cette puissance de vol et à sa vue très-perçante que le milan échappe à ses nombreux ennemis. Quoiqu'il ne pèse qu'un kilogramme, il a plus d'un mètre cinquante d'envergure. A la crainte du premier danger, il s'élève bien au-dessus de ses adversaires et, à

une hautéur de quatre kilomètres, il distingue les plus
petits oiseaux et les reptiles cachés sous l'herbe des prairies. Il tombe sur sa proie avec la rapidité de la foudre,
pour fuir ensuite avec la même vitesse. Le milan ne
chasse près des fermes que le matin, et, dès que le danger peut apparaître , il s'éloigne pour continuer ses
courses loin de la demeure des hommes. Dans les temps
de la fauconnerie il servait aux délassements de nos rois,
et c'est ce privilége qui lui a mérité le surnom de *royal*.
Les princes aimaient à assister à des luttes entre les
oiseaux de proie, et le milan était toujours choisi pour
figurer dans le combat à cause de la beauté de son vol.
Ce don que la Providence lui a départi avec tant de générosité, servait à prolonger le combat et à le rendre
plus intéressant; mais le milan succombait toujours sous
les serres du plus petit faucon et même de l'épervier. Le
milan royal passe sa vie dans l'air ; il semble y glisser en
conservant ses ailes immobiles et en se servant de sa
large queue comme d'un gouvernail. On a vu dans la
grâce de son vol l'origine de son nom : *Milvus : quod de
molli volatu dicitur* [1]. Selon quelques-uns le nom du
milan était fondé sur une croyance populaire qui accordait
à cet oiseau une très-longue vie, une existence de mille
ans. Ce rapace est sédentaire en Anjou. Il construit son
nid à la cime des arbres. Cette aire est grossièrement
façonnée ; dans les pays de montagnes, il la confie aux
buissons suspendus aux flancs des rochers. Les œufs,
dont le nombre varie de trois à quatre, sont ordinairement oblongs, d'un blanc sale, et portent à une des extrémités une couronne de petits points noirs, plus ou
moins multipliés. Quelquefois ces œufs ont un côté beaucoup plus pointu que l'autre et portent des taches noi-

---

[1] Mathias Martinius, dans son *Etymologie*, cité par Ménage, au mot
Milan.

râtres ou violettes qui ressemblent à des gouttes étendues avec le doigt. Leur longueur moyenne est de 0^m,056 et leur diamètre de 0^m,042. Ils se distinguent de ceux des buses ordinaires par leurs dimensions régulièrement plus petites et par la nature de leurs taches.

MILAN NOIR, PARASITE. —— FALCO ATER.

Ce milan doit son premier nom à la couleur de ses plumes; le deuxième, dérivé de παρά, proche, et σῖτος, blé, qui vit aux dépens des voisins, est une dénomination qui pourrait convenir à beaucoup d'autres. Des études récentes ont démontré que le rapace connu ordinairement sous le nom de milan noir ou parasite, constituait deux espèces distinctes. Le milan noir a le bec noir et la queue peu fourchue. Le parasite a le bec jaune; sa queue est longue et fourchue; son doigt externe dépasse de beaucoup le milieu du doigt médian; enfin son plumage est d'une couleur plus claire en dessus et plus rousse en dessous que celui du milan noir. Aristote appelait ce dernier *italien*, parce qu'il était très-commun en Italie. Plus petit et plus courageux que le milan royal, le milan noir préfère le poisson à toute autre nourriture. Il détruit beaucoup de serpents et choisit ordinairement pour lieu de résidence les bois situés près des étangs. C'est à la cime de ces bois qu'il construit son nid comme son congénère. Quelquefois il profite d'une aire abandonnée pour s'y établir. Son vol est moins élevé que celui du milan royal. Ses œufs, au nombre de deux ou trois, ont 0^m,05 de longueur et 0^m,04 de diamètre; quelques-uns sont d'un blanc jaunâtre sans aucune tache, d'autres d'un blanc bleuâtre avec des taches plus ou moins nombreuses, mais cependant toujours plus multipliées que celles du milan royal.

Le sixième genre des Accipitrins est consacré aux Buses que l'on reconnaît à leur cou très-court, leur tête large, leur corps trapu, leurs tarses forts et très-peu allongés. Ces oiseaux ont la vue peu étendue, défaut qui, joint à leur manière d'être, les a fait regarder comme peu intelligents et a converti leur nom en une épithète peu flatteuse. Les buses ne saisissent presque jamais leur proie à tire d'ailes; elles se tiennent immobiles sur un sillon ou sur une branche d'arbre pendant des journées entières, jusqu'à ce qu'elles aperçoivent une proie facile sur laquelle elles se précipitent avec rapidité.

La Faune de Maine et Loire comprend trois espèces de ces rapaces.

BUSE BONDRÉE. — FALCO APIVORUS.

Le nom de *buse* vient de *buteo*, *butio*, qui dérive lui-même de βύσσω, βύζω, crier, et convient à ces accipitrins dont la voix est forte et désagréable. L'épithète *bondrée* est fondée probablement sur une habitude propre à cette buse. Elle saute de branche en branche, de sillon en sillon, comme les pies, sans se servir de ses ailes, elle *piéte* et court comme les oiseaux de basse-cour, elle se tient dans le voisinage de l'eau et poursuit les reptiles ou les insectes qui fuient devant elle. Cette dénomination peut dériver aussi de *ponderata*, qui signifie lourde, pesante, parce que ce rapace devient excessivement gras pendant l'hiver. Cette dernière explication, qui s'appuie sur l'autorité de Ménage et sur celle de Le Duchat, me paraît être la seule véritable. *Ponderata* a pour racine *pondus* qui signifie poids, pesanteur. Aussi les gens de la campagne, excellents observateurs, appellent-ils bondrées tous les gros oiseaux de proie, sans distinction. Ils appliquent cette même expression aux personnes dont le poids paraît être considérable. Cette pesanteur est un

moyen puissant que la Providence a mis à la disposition de
ce rapace pour lui procurer une nourriture abondante dans
toutes les saisons de l'année. En effet la bondrée, après
avoir multiplié ses recherches dans les terrains humides
ou détrempés par la pluie, s'arrête, regarde autour d'elle
et s'empare des insectes que la secousse imprimée par
son poids à la terre force à quitter leur repaire. Elle
imite les pêcheurs qui, pour avoir des lombrics destinés
à amorcer leurs lignes, ébranlent la terre et attendent
ensuite le résultat de la secousse communiquée autour
d'eux. Par ce stratagème, la bondrée se procure en tout
temps et surtout en hiver, une proie abondante qui,
sans cela, lui échapperait souvent à cause de la faiblesse
de sa vue. L'adjectif *apivorus* indique que cette buse
aime beaucoup les abeilles et surtout les guêpes et les
chrysalides qui lui servent à nourrir ses petits. Elle se
distingue de ses congénères par sa tête moins grosse et
d'un gris cendré qui tourne au bleuâtre. La buse bondrée présente de très-belles variétés dont quelques-unes
pourraient être confondues avec l'aigle botté. Un signe
certain auquel on peut toujours la reconnaître, c'est le
bouquet de petites plumes fines qui remplit, chez cette
buse, l'espace compris entre l'œil et la base du bec, et
qui n'existe jamais chez les aigles, ni chez les autres
buses. Elle fait dans les forêts un nid avec quelques
morceaux de bois, recouverts de racines, de feuilles desséchées ou de mousse grossière. Quelquefois elle pond,
dans un vieux nid de corneille ou de pie, deux ou trois
œufs un peu arrondis, parsemés de taches rouges si multipliées qu'elles se fondent ensemble pour présenter une
couleur uniforme et pour voiler entièrement le blanc
sale de la coquille sur laquelle elles sont étendues. Ces
œufs ressemblent à ceux que les enfants appellent, dans
notre pays, œufs de Pâques. Quelques-uns sont d'un
blanc d'ivoire, mouchetés de larges taches d'un rouge de

brique. D'autres ont une couleur chocolat, uniforme, paraissant formée de deux couches, dont la première est plus foncée que la seconde. Enfin on en trouve dont le fond de la coquille est d'un blanc jaune, strié de petits points rouges qui se réunissent quelquefois vers le gros bout pour former une espèce de calotte. Les uns sont entièrement ronds, d'autres oblongs ou piriformes. Ils ont 0^m,051 de longueur et 0^m,042 de diamètre.

BUSE COMMUNE OU VARIABLE. — FALCO OU BUTEO VARIABILIS.

Cette buse a donné lieu à bien des erreurs dans la classification des oiseaux, à cause de la particularité à laquelle elle doit son nom. Tous les sujets de cette espèce varient de couleur, ils vont du noir au blanc en présentant toutes les nuances intermédiaires. Des naturalistes qui avaient pris plaisir à réunir des buses, en offraient une collection de 45 à 50, sur lesquelles on n'en trouvait pas deux de même couleur et de même grosseur. On l'appelle commune, parce qu'elle est bien plus répandue que les deux autres espèces ; elle porte aussi le nom de buse à poitrine barrée, à cause des taches qui semblent former sur sa poitrine des raies assez régulières. La buse variable niche comme la précédente. Ses œufs au nombre de deux ou trois, sont oblongs, d'un blanc sale avec des taches d'un gris brun ou jaunâtre, plus ou moins nombreuses vers le gros bout. Leur longueur est de 0^m,052 et leur diamètre de 0^m,042.

BUSE PATTUE. — FALCO OU BUTEO LAGOPUS.

Les deux adjectifs qui désignent cette buse, indiquent son caractère distinctif : *pattue* et *lagopède*, à pieds gros, emplumés, velus comme ceux du lièvre. Ce rapace a les pieds emplumés jusqu'aux doigts (λαγώς, lièvre, et ποῦς, ποδός.

pieds de lièvre, pieds velus). Il vit ordinairement dans les forêts du Nord, pond deux ou trois œufs de la même grosseur que ceux de la buse commune, mais dont le fond est strié de taches d'un brun pâle ou violet semblables à des gouttes effacées. D'autres sont un peu plus petits et ne portent pas de taches. Cette buse est moins grosse et plus féroce que ses congénères, et n'a pas leur patience pour attendre sa proie. Elle fréquente le bord des rivières et des marais où elle détruit une grande quantité de serpents, de mulots, de grenouilles et de taupes.

Les buses, qui sont poursuivies avec acharnement par quelques chasseurs, sont moins nuisibles au gibier qu'on ne le croit ordinairement; elles rendent un service signalé à l'agriculture en détruisant un grand nombre de petits mammifères et de gros insectes qui sont le fléau des moissons.

Un des spectacles les plus curieux que présente l'étude de l'histoire naturelle est la chasse donnée aux buses par les corneilles, les pies et les geais. Quand ces oiseaux ont découvert une buse et reconnu exactement l'arbre sur lequel elle se tient en sentinelle, ils poussent un cri d'alarme et de rappel. Bientôt les pies, les geais et surtout toutes les corneilles du canton se réunissent. Chacun de ces oiseaux mêle sa voix au tapage qui se fait entendre et semble vouloir crier plus fort que tous les autres. La buse résiste quelquefois avec un calme imperturbable à ce véritable charivari. Mais, enhardies par les dédains de la buse, les corneilles s'approchent encore davantage de leur ennemi et finissent presque toujours par la déterminer à s'envoler en la fatiguant de leurs insultes. Dans ce moment solennel, les corneilles accompagnent la buse et s'élèvent à des hauteurs prodigieuses en décrivant autour du rapace des cercles multipliés, essayant ainsi en quelque sorte de l'étourdir. La buse s'éloigne du lieu qu'elle avait choisi pour arrondissement de chasse, et alors les corneilles se retirent, abandonnant à leurs congénères des lieux où leur ennemi va s'établir, le soin de la faire déloger à leur tour.

La buse se prend facilement au piége appâté avec des débris de viande recouverts de plumes. L'habitude où elle est de se tenir toujours sur la même branche facilite encore le travail du trappeur. Il suffit de placer le piége à terre au-dessous de la branche sur laquelle se repose la buse, et souvent quelques minutes après l'opération, l'oiseau se trouve victime de sa témérité. Si le terrain est un peu découvert et que les corneilles puissent apercevoir la captive, elles s'abattent en grand nombre et exécutent autour de la buse des danses frénétiques accompagnées de cris de fureur et de satisfaction. Chacune veut insulter à l'ennemi vaincu, et cependant, par prudence, chacune se tient à une distance respectueuse. La buse se renverse sur le dos, et avec son bec et ses serres elle semble défier tout cet essaim de lâches combattants. Les efforts inutiles que fait la prisonnière pour se venger, le poids des piéges qui rend tous ses mouvements plus pénibles, hâtent le moment de sa mort. N'ayant plus rien à craindre, les corneilles s'approchent, insultent au cadavre, puis se dispersent. Il m'a été donné de contempler ce spectacle, grâce à la bienveillante amitié de M. Raoul de Baracé.

Depuis plusieurs années mon honorable ami a capturé à Valencourt, près le Lion-d'Angers, un certain nombre de buses, variété blanchâtre. Ces buses lui ont paru constituer une race dont les mœurs diffèrent de celles des buses ordinaires. Elles voyagent par couple, car après avoir capturé le mâle, la femelle se laisse prendre facilement. Le fait s'est répété pendant quatre années consécutives. Cette variété paraît plus timide que ses congénères; elle vole près de terre; son vol est court et ses pauses très-rapprochées, comme ceux d'un semi-nocturne.

Le mâle est beaucoup plus petit, plus blanc et plus effilé que la femelle. Cette race affectionne les arbres touffus où elle peut déguiser sa présence. Elle se perche volontiers sur les basses branches des pommiers peu élevés ; elle semble craindre le jour. Doit-elle cette modification de ses habitudes à la blancheur de son plumage qui la rend plus visible que ses congénères? Cherche-t-elle ainsi à compenser par sa prudence l'inconvénient qui résulte des nuances de sa couleur?

BUSARDS.

Les Busards forment le septième et dernier genre des rapaces diurnes. Ils s'éloignent des buses par leurs proportions beaucoup plus petites et plus sveltes ; par la longueur de leurs ailes et de leurs tarses entièrement nus, leur tête petite et leur cou assez dégagé. Leur nom peut dériver du mot anglais *buzzard*, qui désigne un oiseau de proie, ou être un diminutif de buse, ou enfin signifier buse ardente, courageuse. Cette dernière étymologie ferait connaître le caractère de ces accipitrins dont le courage est très-grand et l'ardeur incessante. Ils ne craignent pas de combattre et même d'attaquer les autres oiseaux de proie. Autant les buses paraissent pesantes et stupides, autant les busards ont de légèreté et de grâce. Leur vol autour des buissons et à travers les champs a quelque chose de l'hirondelle et de la mouette ; dans leurs chasses, ils paraissent prendre plaisir à se balancer en imprimant à leurs ailes un mouvement de bascule presque continuel. La Faune de l'Anjou compte trois busards.

BUSARD DES MARAIS OU HARPAYE. — FALCO RUFUS OU CIRCUS RUFUS.

Le premier de ces noms a été donné à ce busard à cause des lieux qu'il affectionne. Ce rapace chasse sur les

bords des étangs, des marais, où il vit d'oiseaux aquatiques, de grenouilles et de poissons. L'adjectif *harpaye*,
du mot *harper*, ἁρπάζειν, ravir, ἁρπάγη, croc, instrument
qui saisit fortement, qui enlève, peint très-bien l'énergie
de cet oiseau, vrai fléau des foulques et des poules d'eau.
Le mot générique *circus* s'applique à tous les busards et
rappelle un caractère spécial de ces accipitrins, le cercle
ou demi-collier de plumes serrées qu'ils portent tous
d'une manière plus ou moins sensible et qui s'étend du
menton aux oreilles. L'épithète *rufus*, roux, représente
la couleur des plumes de ce rapace, désigné aussi par les
adjectifs *æruginosus*, couleur de rouille, et *suisse*, du
nom du pays où il se trouve en grande quantité. Les
changements multipliés que ce busard subit dans les
nuances de son plumage, selon l'âge et le sexe des individus, avaient engagé quelques naturalistes à multiplier
des espèces abandonnées généralement comme n'étant
pas fondées sur des caractères positifs.

Le harpaye fait son nid d'une manière grossière dans
les joncs des marais ou sur une petite éminence voisine de
l'eau. Il y pond de trois à cinq œufs d'un blanc bleuâtre
pâle, ordinairement sans taches; quand elles existent,
elles semblent formées par une seconde couche irrégulière, plus foncée que la première. Ces œufs ont $0^m,048$
$0^m,050$ de longueur et $0^m,036$ à $0^m,038$ de diamètre.
Tous ont une des extrémités plus grosse que l'autre.

BUSARD SAINT-MARTIN. — FALCO OU CIRCUS CYANEUS.

Ce busard doit son nom à l'époque à laquelle il a été
observé à son passage en France, en automne, à la Saint-
Martin. L'adjectif *cyaneus*, bleu gris, indique la couleur
du plumage de cet oiseau. Le Saint-Martin est plus petit que le précédent et porte une collerette formée de
plumes fines, pressées et de couleur d'un gris bleu pâle.

Il niche à terre dans les joncs et les bois marécageux, pond quatre ou cinq œufs semblables à ceux du busard harpaye, mais un peu plus petits ; quelques-uns sont parsemés d'un noir ou d'un roux foncé et ressemblent à de gros œufs d'épervier ; ils ont 0^m,046 de longueur et 0^m,036 de diamètre.

BUSARD MONTAGU. — FALCO CIRCUS OU CINERACEUS.

Le Montagu porte le nom du savant naturaliste anglais, qui le premier fit connaître d'une manière précise les caractères établissant une distinction entre le Saint-Martin et celui-ci. L'épithète *cineraceus*, cendré, constate la couleur du plumage de cet accipitrin. Le Montagu est plus petit que les deux précédents ; il se distingue du Saint-Martin par les ailes qui, dans celui-ci, couvrent la queue, tandis que dans le Montagu elles ne s'élèvent qu'aux deux tiers. Les plumes des flancs et de l'abdomen du Montagu sont blanchâtres et portent des traits d'un roux de rouille. Ce rapace niche dans les bois ou les landes et pond quatre ou cinq œufs semblables à ceux du Saint-Martin, mais plus petits et un peu moins allongés. Cependant ils n'offrent pas les mêmes variétés que ceux du précédent. Quelques-uns seulement sont pointillés de petites taches d'un noir pâle et presque effacé. Ils ont 0^m,036 de longueur et 0^m,032 de diamètre. Ainsi les œufs des trois espèces de busards ne diffèrent que par leur grosseur qui varie selon les proportions de l'oiseau.

Les vingt-neuf rapaces que je viens d'énumérer, et dont treize seulement sont sédentaires, forment la quinzième partie des oiseaux de la Faune de l'Anjou. Cette proportion est la même que celle qui existe dans l'ornithologie générale. Les carnassiers composent au contraire le tiers des mammifères. Mais afin de rétablir l'équilibre, les oiseaux l'emportent de beaucoup en nombre sur les quadrupèdes dans la chasse sur l'eau. Là, on trouve une multitude d'oiseaux qui suppléent aux quadrupèdes que leur nature tient éloignés des rivières. Tous les oiseaux de cette dernière catégorie saisissent leurs nombreuses victimes avec un bec crochu et quelquefois dentelé. Ainsi la Providence a tout coordonné de manière à ce que les espèces pussent se propager sans dépasser de sages limites.

2ᵉ ORDRE. — GRIMPEURS.

Les naturalistes ont réuni sous le nom de Grimpeurs, non-seulement les oiseaux dont la vie est consacrée à monter le long des arbres pour chercher leur nourriture, mais encore ceux qui sont organisés de manière à pouvoir se cramponner à l'écorce des bois, le temps suffisant pour y saisir leur proie.

Les grimpeurs se distinguent des autres oiseaux par leurs doigts dont deux sont placés en avant et deux en arrière ; le quatrième est versatile.

PREMIÈRE FAMILLE.

Les Cuculides.

Le nom donné à cette première famille est la traduction de *cuculus*, mot formé dans les trois langues par l'imitation du chant des oiseaux qui la composent : κόκ κυξ, *cuculus*, coucou.

Les coucous appartiennent aux grimpeurs par leurs doigts dont les deux en avant sont réunis et les deux en arrière séparés. Ils s'éloignent des pics et du torcol par la langue qui n'est pas extensible.

COUCOU GRIS. — CUCULUS CANORUS.

L'épithète donnée à ce coucou est fondée sur les nuances de son plumage, et l'adjectif *canorus* sur le cri retentissant qu'il se plait à répéter dans les bois au commencement du printemps.

Les coucous ainsi que les pics et les oiseaux qui ne se nourrissent pas des biens de la terre, sont condamnés à être solitaires, moins par inclination que par nécessité. Ces oiseaux vivent d'insectes et surtout de chenilles velues qu'ils saisissent en se cramponnant aux arbres et même quelquefois aux pierres recouvertes de mousse ou de petites plantes rampantes. Ils avalent leur proie avec une grande voracité et rejettent, après la déglutition, la peau des chenilles roulée en pelotes. Les coucous vivent en polygamie. Les mâles sont beaucoup plus nombreux que les femelles. Celles-ci pondent de quatre à six œufs dans les nids des insectivores. Quand ces nids sont en rase campagne comme ceux des pipits, des alouettes, du proyer, etc., et que la mère se trouve sur les œufs, la femelle du coucou décrit plusieurs circonférences à l'exemple des rapaces, finit par effrayer la couveuse et par l'éloigner pendant quelque temps. Libre alors de ses mouvements, elle s'établit sur le nid, pond un œuf et s'enfuit après avoir mangé un de ceux de l'oiseau auquel elle abandonne les soucis de la maternité. Quand l'ouverture du nid est défendue par des ronces et que la femelle du coucou ne peut en approcher facilement, elle pond à terre, saisit l'œuf dans son bec et va le déposer ensuite dans le berceau qu'elle a choisi. La femelle

du coucou ne pond que dans les nids dont les œufs ne
sont pas encore couvés. Est-ce pour s'assurer de leur état
qu'elle mange un de ces œufs ? Est-ce pour tromper plus
facilement la pauvre mère? Cette dernière hypothèse
paraît plus admissible que la première. On a constaté en
effet que deux œufs avaient disparu des nids de rouge-
gorge, de pipit, de proyer, etc., dans lesquels la femelle
du coucou en avait pondu le même nombre. L'œuf déposé par le coucou est couvé avec soin par l'oiseau auquel il a été confié. Celui-ci ignore que son nid renferme
l'ennemi de ses petits. En effet, si l'œuf du coucou éclot
le premier, le petit jette hors du nid les autres œufs ; s'il
ne voit le jour qu'après les petits de la véritable mère, il
ne tarde pas à les étouffer par ses mouvements brusques
dans un nid beaucoup trop étroit pour le contenir. Resté
seul, il devient pour son père et sa mère adoptifs le sujet
d'un travail pénible à cause de son extrême voracité.
Quelquefois même il étouffe dans son large gosier le
rouge-gorge qui a porté trop imprudemment dans l'intérieur du bec du coucou l'insecte capturé pour la nourriture de cet ingrat. Devenu un peu grand, le jeune coucou
tombe naturellement du nid ; ses parents nourriciers
veillent à ses besoins pendant quelque temps et bientôt
il vit de sa propre chasse en saisissant dans les buissons
les insectes et les vermisseaux. Plus tard, il mangera des
hannetons, puis de jeunes grenouilles et surtout les œufs
et les petits nouvellement éclos. Ce dernier grief explique
l'énergie et l'acharnement avec lesquels les coucous sont
repoussés par tous les oiseaux dont ils visitent les couvées. La femelle du coucou met un intervalle de cinq à
sept jours entre la ponte de chacun de ses œufs. Ceux-ci
sont très-petits par rapport à la grosseur de l'oiseau.
Ils ont de $0^m,021$ à $0^m,023$ de longueur et de $0^m,014$
à $0^m,016$ de diamètre. Ces œufs varient beaucoup de
teinte et de couleur, depuis le blanc verdâtre jusqu'au

bleuâtre clair ; ils sont parsemés de petits points bruns, noirs, gris, cendrés, violets ou de raies très-légères. Quelques-uns ressemblent aux œufs du bruant-proyer, d'autres à ceux des alouettes cochevis et calandre. La Providence semble avoir permis cette variété afin que la femelle du coucou puisse tromper plus facilement les mères auxquelles elle confie ses œufs, en modifiant leurs couleurs selon les nids dans lesquels elle les dépose. Je ne veux pas faire de ces différences de couleur un principe général ; je constate simplement des faits nombreux parvenus à ma connaissance. Les œufs de coucou trouvés dans les nids d'*accenteur mouchet* et dans ceux d'*accenteur pégot* sont assez fréquemment d'une couleur bleue, semblables à ceux que contenait le nid dans lequel ils ont été déposés par la femelle du coucou ; tandis que d'autres qui ont été recueillis dans le nid de la *rubiette tithys* étaient blancs ; de plus, ceux que l'on prend dans les nids de *bergeronnette*, d'*alouette*, de *rouye-gorge*, etc., se rapprochent beaucoup de la couleur des œufs de ces différents oiseaux. Pour ces variétés si multipliées, qui ne se rencontrent dans les œufs d'aucun autre oiseau, doit-on admettre l'influence du climat et celle de la nourriture ? ou bien plutôt une preuve nouvelle de l'attention de la Providence ? En effet, le coucou, après avoir pondu ses œufs, ne choisirait-il pas d'abord, par un instinct admirable, les nids des insectivores dont la nourriture est la seule qui convienne au jeune coucou, et ne chercherait-il pas dans ces nids des œufs de même couleur avant d'aller y déposer les siens ? Cette dernière précaution ne serait-elle pas alors un nouveau moyen de tromper la pauvre mère à laquelle la femelle du coucou confie l'incubation de ses œufs ? Cette hypothèse pourrait d'autant mieux être admise qu'il paraît démontré, par des observations nouvelles et multipliées, que la femelle du coucou pond effectivement à terre et qu'elle transporte ses œufs très facilement et pendant un temps assez long dans une poche dépendant de son gosier. Plusieurs femelles ont été tuées, et les convulsions de la mort les forçaient à rejeter l'œuf qu'elles avaient confié à la poche de leur gosier.

Cette habitude de pondre dans les nids étrangers est peut-être fondée sur l'instinct de la femelle qui dérobe ses œufs et ses petits à la voracité de leur père. Les Grecs auraient dû consacrer la femelle à Cybèle et le mâle à Saturne. Quelques naturalistes pensent que cette particularité repose sur l'incapacité de la femelle à couver ses œufs, à cause de son extrême maigreur devenue proverbiale. Cette excessive maigreur dépend de la voracité de cet oiseau et du choix de ses aliments très-peu nourrissants, qui exigent l'absorption d'une grande quantité d'insectes et un travail des intestins très-pénible. Ceux-ci, en effet, reçoivent beaucoup et conservent peu. Enfin le temps mis entre la ponte de chaque œuf serait un motif très-suffisant pour démontrer que la femelle ne peut couver ses œufs sans s'exposer à un travail d'incubation et d'éducation au-dessus de ses forces. Cet intervalle de temps est peut-être encore le résultat du travail fatigant de la digestion.

La polygamie, qui brise les liens de la véritable famille parmi les hommes, ne serait-elle pas le vrai motif pour lequel la femelle du coucou abandonne à des étrangers l'éducation de ses petits?

COUCOU ROUX. — CUCULUS HEPATICUS.

Le plumage de cet oiseau est déterminé par les adjectifs *roux* et *hepaticus*. Celui-ci dérive de ἡπατικός, dont la racine est ἡπαρ, foie, de couleur jaune brun. Cette couleur constitue-t-elle une variété, une espèce? Est-elle simplement le résultat de la mue?

Ce coucou ne saurait être une variété, car une variété qui se perpétue toujours de la même manière, avec des teintes si différentes du type primitif, ressemble bien à une espèce. L'opinion de ceux qui admettaient que le coucou roux était le mâle ou la femelle du coucou cendré, n'est pas fondée ; car l'expérience a prouvé que des mâles et des femelles se trouvent dans les sujets des deux nuances. J'ai pu constater de nouveau cette vérité, sur un certain nombre de coucous que M. de Baracé avait eu la bienveillance de m'adresser cette année. Ceux qui pensent que le coucou roux est le coucou gris dans ses premières années, assuraient que les uns émigraient vers le nord et les autres vers le sud, qu'on ne trouve pas les uns et les autres dans la même localité, suivant la règle des oiseaux voyageurs dont les jeunes et les vieux visitent rarement ensemble les mêmes pays. Ce dernier sentiment ne peut plus être soutenu sérieusement. Chaque année, en Anjou et dans tous les pays de l'Europe, on rencontre les coucous émigrant ensemble avec les deux plumages très-distincts et à l'état adulte. Malgré ces motifs, Lathée et M. Millet sont presque les seuls à soutenir que le coucou roux est une race distincte du coucou gris. Je pense que cette question doit encore être étudiée, et qu'on peut fortifier la dernière opinion en faisant remarquer que si la différence de plumage est le résultat de la mue, on devrait trouver des traces du passage d'une couleur à l'autre ; que cette mue ne peut pas s'opérer instantanément, et que les partisans de l'opinion contraire devraient montrer des sujets roux n'ayant pas encore revêtu la livrée complète d'adulte. On ne voit pas ces sujets dans les musées, ni dans les collections particulières, et cependant ils devraient être très-communs à cause du grand nombre de coucous. Enfin, comment expliquer la grande disproportion qui existe entre les dimensions des coucous gris et celles des coucous roux ? surtout lorsque généralement, dans les oiseaux, les petits atteignent à la fin de l'année la taille des adultes. Non-seulement cette variété du coucou, mais l'espèce elle-même a toujours été enveloppée des voiles du mystère. Pendant bien des siècles, les anciens ont pensé que le coucou se transformait en épervier. Peut-être étaient-ils portés à admettre cette métamorphose par la disparition des cuculides que rien ne semblait expliquer, et par les formes, les pieds et le bec de ces oiseaux qui les assimilaient un peu aux rapaces. Plus tard, les naturalistes crurent que les coucous, après s'être beaucoup engraissés pendant l'automne, se livraient dans le creux d'un vieil arbre à un sommeil prolongé dont ils ne sortaient que vers les premiers jours du printemps.

DEUXIÈME FAMILLE.

Les Proglosses.

La dénomination de *proglosses*, πρo, en avant, et γλῶσσα langue, indique le caractère spécial de cette famille, dont tous les individus ont une langue très-longue et extensible.

PREMIER GENRE.

LE TORCOL. — YUNX TORQUILLA.

Yunx de ἴυγξ, ἴυγγος, signifiait chez les Grecs, la bergeronnette, le torcol et les sortiléges. *Torquilla* peut avoir pour racine *torques* ou *torquis*, collier, et *yunx torquilla* signifierait alors le torcol à collier, dénomination très-exacte. Le nom français indique les singulières habitudes de cet oiseau qui tourne la tête, le col d'une manière bizarre. Ce grimpeur met sa queue de côté, en éventail, donne à son corps les ondulations d'un reptile et paraît éprouver les convulsions d'un épileptique. Aussi inspire-t-il une telle frayeur à la plupart de ceux qui le prennent dans des filets, qu'ils aiment mieux lui rendre la liberté que de le saisir. Ces mouvements si extraordinaires, conséquence d'un système nerveux très-développé, sont attribués à un sentiment de crainte ou de surprise que ressent le torcol. Ils sont aussi un moyen dont se sert cet oiseau, d'un naturel très-paresseux, pour éloigner et effrayer ses ennemis. Les anciens le consultaient dans leurs augures et s'en servaient pour jeter des sortiléges. Pendant très-longtemps le torcol a été rangé parmi les oiseaux mystérieux; une croyance populaire le regardait comme le mâle ou la femelle du coucou. Tout en lui contribue à le placer dans une catégorie exceptionnelle : par son cri il ressemble à l'épervier et à la crécerelle ; par son plumage, à la vipère. Aussi les Anglais l'appellent-ils l'oiseau-vipère. Enfin il se plaît à faire le ventriloque au fond des arbres creux dans lesquels il se réfugie, puis il sort de sa retraite ténébreuse pour s'assurer de l'effet qu'il a produit sur ses auditeurs, et continue sa représentation par des poses et des contorsions qui en font un véritable saltimbanque et un saltimbanque bruyant et tapageur.

Le torcol appartient aux grimpeurs par ses doigts, diffère du coucou par sa langue et des pics par sa queue. Sa langue, qui est extensible et cylindrique, lui sert à saisir les fourmis et les petits insectes. On le voit souvent cramponné aux branches sèches sur lesquelles il paraît plutôt se reposer que chercher sa nourriture. Il parcourt les arbres sans grimper à la manière des pics et s'arrête aux cavités naturelles pour y plonger sa langue. Le torcol pond dans les trous des arbres et choisit ceux dont l'ouverture est très-étroite. La femelle dépose de cinq à sept œufs sur la poussière vermoulue, dans laquelle elle a préparé un creux avec le secours de son bec et de ses doigts. Ces œufs sont d'un blanc brillant, caractère qui sert à les distinguer de ceux de la fauvette rouge-queue auxquels ils ressemblent par la forme et la grosseur. Ils sont ordinairement arrondis, quelquefois pointus et ont de $0^m,018$ à $0^m,020$ de longueur et de $0^m,013$ à $0^m,015$ de diamètre. Lorsqu'on plonge le bras ou un bâton dans le nid du torcol, la mère, si elle s'y trouve enfermée, pousse immédiatement des sifflements si violents qu'on a peine à se défendre d'un sentiment de crainte. Le plus souvent les dénicheurs s'éloignent de l'arbre, croyant s'être trompés et lutter contre un essaim de vipères.

DEUXIÈME GENRE.

LES PICS.

Ce nom rappelle encore une famille d'oiseaux victimes de l'ingratitude des hommes. Les pics ont reçu du ciel une laborieuse mission. Dieu les a condamnés à ne vivre qu'au prix d'un travail incessant dont le but est l'avantage réel des propriétaires. Ils doivent parcourir les bois, les vergers, monter le long des arbres en tous sens, sonder tous les trous, visiter toutes les fissures, inspecter toutes les écorces, les enlever même si cela est nécessaire pour y saisir et tuer les insectes et les vers rongeurs. Pour lui faciliter ce terrible labeur, Dieu a donné au pic deux doigts en avant et deux en arrière, armés d'ongles très-forts et arqués, des pieds courts et musculaires, un bec carré à sa base, cannelé dans sa longueur, aplati à la pointe; celui-ci repose sur un cou raccourci, pourvu de muscles vigoureux et soutenant un crâne très-fortement constitué. La langue est très-longue, effilée, arrondie, terminée par une pointe osseuse et par quelques petits crochets; elle servira à percer les insectes et à les retirer ensuite. Deux glandes y déversent une espèce de liqueur visqueuse sur laquelle les fourmis viendront s'attacher. Enfin sa queue est formée de dix pennes tronquées, raides, d'inégale longueur, composant une espèce de *miséricorde* sur laquelle le pic s'appuiera et se reposera en gravissant les arbres et en perçant et fouillant les écorces. Armé de ces dons de la Providence, le pic visite tous les troncs et les branches des arbres, il scrute tous les trous, plonge sa langue sous toutes les écorces, sonde toutes les plaies; si l'arbre rend un son qui trahisse la présence d'un ver rongeur, le pic s'arrête, perce l'arbre et va chercher jusque dans son repaire l'insecte destructeur. Le médecin qui laboure avec le fer et le feu les membres de l'homme pour conjurer le développement du mal, est-il coupable? rend-il un service? La réponse à cette double question condamnera ou justifiera l'oiseau consacré à Mars. Les anciens avaient vu dans la vie des pics l'image d'un combat perpétuel; dans l'énergie des coups de bec de cet oiseau et dans son adresse à atteindre et à percer ses victimes, quelque ressemblance avec la puissance du dieu des batailles.

Quand les pics sont soumis au sentiment de la crainte ou de la colère, ils relèvent les plumes de leur tête. Cette particularité a fait croire à quelques naturalistes que les pics avaient une huppe. Malgré le rude labeur auquel les pics sont condamnés, ils conservent une gaieté qui ne paraît jamais se démentir; ils sont l'image fidèle de l'homme acceptant généreusement la loi du travail.

L'Anjou possède cinq espèces de pics.

PIC-VERT. — PICUS VIRIDIS.

Le nom donné au deuxième genre de la famille des proglosses, en français et en latin, est fondé sur l'emploi

de leur bec qui leur sert de *pic* pour perforer les arbres
et trouver leur nourriture. L'adjectif *vert* indique la couleur dominante des plumes de la première espèce de ce
genre. Picus nous rappelle aussi des souvenirs mytholo-
giques. Picus, fils de Saturne, père de Faune et aïeul
du roi Latium, méprisa l'amour de la magicienne Circé
pour épouser Canente. Circé, vivement irritée du dédain
de ce jeune prince, le changea en pic-vert[1]. Picus devint
un des dieux champêtres et présida aux augures. L'in-
fortunée Canente fut entièrement consumée par le cha-
grin et il ne resta d'elle que le souvenir de son malheur.
Les anciens aimaient beaucoup à consulter le vol du pic-
vert, et ce fut avec plaisir qu'ils le virent, en grimpant à
l'arbre qui protégeait le berceau de Remus et de Romulus
pendant que la louve les allaitait, prédire la grandeur
future des deux fils du dieu auquel il était consacré.
Maintenant encore, les modifications du cri du pic-vert
annoncent aux habitants de la campagne les variations de
la température. C'est pour cette raison qu'il est appelé le
procureur, le pourvoyeur des moulins, le meunier. Les
Anglais le nomment l'oiseau de pluie.

Une vieille légende scandinave expliquait les pérégrinations continuelles, la vie pénible des pics, leurs cris
annonçant la pluie, enfin la calotte rouge dont leur tête
est ornée. Le pic était, à un certain point de vue, un juif-
errant, un coupable expiant un grand crime. Voici le
sommaire de cette légende née près des forêts de la Nor-
wége où les pics sont très-nombreux.

---

[1] Picus equum domitor, quem capta cupidine conjux
    Aureâ percussum virgâ, versumque venenis
    Fecit avem Circe, sparsitque coloribus alas.

VIRGILE (Énéid., liv. VII).

Picus, amateur de chevaux, le même à qui Circé, dans son ardente
jalousie, versa un breuvage magique et qu'elle transforma, d'un coup
de sa baguette d'or, en un oiseau revêtu de couleurs éclatantes.

Une vieille femme, nommée Gertrude, avait l'habitude de se coiffer d'un béret rouge, et surtout de rendre la vie si pénible à son mari que celui-ci, dans sa naïveté, assurait qu'il ne consentirait jamais à aller dans le paradis si sa femme devait s'y trouver. Le brave homme pensait que le cours de sa vie, passée avec une telle mégère, devait lui faire préférer l'enfer même à des joies, quelles qu'elles fussent, si elles devaient être empoisonnées par la présence de Gertrude.

Un jour, un pauvre se présente à la porte du logis demandant un verre d'eau pour désaltérer son gosier brûlé par les fatigues d'une longue marche. Gertrude l'éloigne avec brutalité, le menace de son balai et joint les injures au manque de charité. Ce pauvre était Jésus-Christ. « Puisque tu n'as pas voulu donner au pauvre le verre « d'eau recommandé par l'Évangile, tu seras condamnée à « errer continuellement, lui dit le divin Sauveur, à gagner « ta vie dans des courses incessantes, ta langue sera tou- « jours brûlée par une soif insatiable, et, pour que l'uni- « vers te reconnaisse et soit instruit de ta faute et de ta « punition, tu porteras sur ta tête ton béret rouge, et tu « annonceras par un cri plaintif l'eau que tu réclameras « en vain pour assouvir ta soif. » Ces paroles furent suivies immédiatement de la métamorphose de la mère Gertrude en pic-vert, et depuis ce moment, elle expie et sa dureté envers les pauvres et toutes les tracasseries dont elle a entouré son pauvre homme. Débarrassé de sa femme, celui-ci a pu envisager le paradis comme un lieu de véritable repos, digne de ses désirs et de ses espérances.

Le pic-vert grimpe le long des arbres en décrivant une suite de spirales toujours de bas en haut. Quand il ne trouve rien dans ses pénibles investigations, il descend à terre, se couche immobile devant une fourmilière au milieu de laquelle il plonge sa langue. Il la retire ensuite toutes les fois qu'elle est chargée de fourmis prises à la glu qui l'humecte sans cesse. Quand le soleil ne favorise pas cette chasse et que les fourmis sont engourdies par le froid, il renverse de fond en comble la fourmilière et fait une véritable razzia sur les insectes et sur les œufs. Dans les régions glaciales où les insectes et les vers manquent au pic, pendant l'hiver, cet oiseau réunit des provisions dans le cours de l'été, et confie au creux des arbres des graines sèches, des noix, des noisettes qu'il retrouvera aux jours de disette. Pour briser les noix, il les place dans un petit trou où il les maintient avec ses doigts pendant qu'il frappe avec son bec. Dans notre département qui offre au pic-vert des ressources suffisantes, en tout temps, cet oiseau fait peu ou point de provisions. Quelquefois on aperçoit le pic, après avoir frappé quelques coups de bec, tourner avec rapidité du côté opposé, non pour voir s'il a percé l'arbre, mais pour saisir les insectes que le contre-coup a chassés de leur retraite. Il ne fait cette visite que lorsqu'il a reconnu au son rendu par l'arbre que celui-ci recèle quelque cavité. Cet oiseau passe les nuits dans un trou d'arbre ou de muraille où il se retire chaque soir, de très-bonne heure. On voit à Chaloché, à l'angle du bâtiment principal de l'ancien monastère, un trou qui a servi de chambre à coucher au même pic pendant plusieurs années. Cet oiseau, qui offre dans son plumage une des plus belles variétés connues, a été tué par un garde, malgré la défense de M. Gaignard de la Ranloue, et se trouve maintenant dans le cabinet de M. Raoul de Baracé.

Pour se dérober au plomb des chasseurs, le pic tourne autour de l'arbre et se tient toujours du côté opposé à son adversaire. Si par crainte ou de lui-même il se dirige vers d'autres arbres, son vol est toujours saccadé et accompagné d'un cri plaintif.

Le pic-vert creuse son nid ordinairement dans les

troncs des arbres, rarement dans les branches ; dans ce dernier cas, l'ouverture est toujours tournée vers la terre, afin que la pluie n'y puisse point pénétrer et que l'entrée soit plus facilement dérobée aux petits rongeurs qui courent sur les branches. Ici se présente naturellement le grief le plus sérieux que fassent les adversaires des pics, en objectant les ravages que ces oiseaux exercent dans les forêts en préparant un nid à leurs petits. Ce reproche, quelque grave qu'il paraisse, peut encore être combattu victorieusement. D'abord, les pics ne sont pas si nombreux que l'admet l'imagination de quelques bons propriétaires. Puis ce nid ne se prépare qu'une fois chaque année et encore sert-il plusieurs années au même couple. Enfin, l'arbre choisi par les pics est toujours rongé intérieurement par les vers et les insectes. Quand, au moment de la nidification, le pic a trouvé dans ses courses un arbre dont la cavité lui a été révélée par les coups de son bec, il se met à l'ouvrage et bientôt il parvient à gagner l'intérieur qui lui offre un asile pour ses petits et un salaire pour prix de ses travaux. Son premier soin est de dévorer les vers rongeurs. Quel est son crime ? Celui d'avoir mis à jour un cancer intérieur et d'en avoir arrêté les progrès en détruisant le mal dans son principe. Si l'arbre n'est pas gâté, le pic abandonne son travail, car autrement comment parviendrait-il à creuser un nid perpendiculaire avec les ressources d'un trou qui ne laisse au corps qu'une faible partie de l'usage de ses mouvements ? Enfin quand il serait démontré d'une manière positive que le pic-vert perfore quelquefois des arbres sains et vigoureux, serait-il pour cela même condamnable ? Les services qu'il rend en détruisant des myriades de vers rongeurs, ne méritent-ils pas un salaire ? L'assureur qui prélève une dîme comme récompense de ses services peut-il être condamné ?

Le mâle se distingue de la femelle par les taches rouges

de ses moustaches. Les œufs du pic-vert sont oblongs, d'un blanc lustré et le plus souvent piriformes, leur nombre varie de cinq à sept. Leur longueur moyenne est de $0^m,030$ et leur diamètre de $0^m,020$. La femelle, lorsqu'elle est surprise sur ses œufs, fait entendre les mêmes sifflements que le torcol. Quand les petits sortent du nid, ils se plaisent à décrire des cercles autour du trou qui les a vus naître, ils se livrent à de joyeux ébats. Mais à l'approche du premier danger ils disparaissent dans les profondeurs de la demeure préparée par la sollicitude des auteurs de leurs jours.

PIC-CENDRÉ. —— PICUS CANUS.

L'épithète française et latine, donnée à ce pic, est fondée sur toutes les nuances de son plumage. Le pic-cendré est un peu plus petit que le pic-vert, sa tête et son cou sont d'un cendré pâle. Quelques taches noires longitudinales accompagnent le rouge cramoisi qui se trouve sur le sommet de sa tête et servent à le distinguer du pic-vert. La femelle n'a pas de rouge sur l'occiput, et les moustaches du mâle en sont aussi dépourvues. Le pic-cendré, rare en Europe, creuse son nid dans les arbres; ses habitudes sont les mêmes que celles du précédent. Il pond de cinq à sept œufs un peu moins gros que ceux de son congénère, mais plus allongés en proportion de leur diamètre qui est de $0^m,016$ à $0^m,017$; leur longueur ordinaire est de $0^m,028$.

PIC-ÉPEICHE. —— PICUS MAJOR, PICUS VARIUS MAJOR.

La dénomination *épeiche* est composée, selon quelques naturalistes, de deux mots allemands, *elster* et *specht*, qui signifient pic varié. Le nom latin *varius* indique le même sens; *major* fait connaître les dimensions de cet

oiseau comparé aux deux suivants qui sont aussi des pics
variés. Il est plus probable que cette épithète vient de
spica, comme épervier de *sparvarius*. Le mot *spica* a été
formé du verbe *spicare* qui signifie piquer et indique le
moyen dont se servent les pics pour trouver leur nourriture et établir leur nid.

L'épeiche vit comme les pics précédents, cependant son
vol est plus facile que celui du pic-vert, il poursuit et
saisit au vol les insectes. Il se tient de préférence dans
les vergers; il a l'habitude de frapper à coups précipités
et très-violents l'extrémité des branches sèches qu'il rencontre dans ses courses. Ce grimpeur, dont le plumage
est composé de noir profond, de blanc pur, de rouge
très-vif, niche dans les trous naturels, ou dans les nids
abandonnés du pic-vert. Rarement l'épeiche creuse un
nid, dès-lors il devrait trouver grâce aux yeux des propriétaires. L'épeiche pond cinq ou six œufs dont la longueur moyenne est de 0^m,024 et le diamètre de 0^m,018.
La forme des œufs de ce pic est la même que ceux des
deux précédents, cependant ils sont généralement un
peu plus arrondis. Le mâle seul a du rouge cramoisi sur
l'occiput. On constate d'une manière régulière deux races
dans cette espèce; l'une est beaucoup plus forte que
l'autre.

Un habile chasseur de notre département, M. Charles
Huart, a eu la bienveillance de me communiquer quelques renseignements sur un épeiche conservé en captivité pendant quinze mois. Cet oiseau avait été déniché
dans un tronc d'arbre près la Tour-Bouton, au commencement du mois de mai 1863. Confié à une femme qui
aime à élever les oiseaux avec une sollicitude vraiment
maternelle, il put triompher de toutes les difficultés qui
semblaient s'opposer à son éducation. On lui présenta
d'abord du biscuit trempé dans du lait doux. Au bout de
quinze jours il sortait du petit panier qui lui servait de

nid et venait de lui-même becqueter les biscuits et les
fraises qu'on lui présentait. Il s'essayait à poursuivre les
petits insectes et les araignées qu'il trouvait dans l'appartement. Trois mois après il voltigeait sur le plat contenant la soupe destinée au chat de la maison, et là, sans
aucune crainte, il partageait la nourriture avec l'hôte
favori de sa maîtresse. Enfin, il se familiarisa au point
de venir prendre sa nourriture dans la bouche de la personne qui l'avait élevé, se plaisant à la piquer légèrement
à la figure, en témoignage d'amitié et de reconnaissance.
Cet épeiche mangeait de tout, excepté des graines ; il
aimait les pois verts et surtout la viande. Souvent il venait se reposer sur la tête de sa maîtresse et y passait
des heures entières. Il semblait très-accessible à des sentiments de jalousie. Lorsqu'une perruche habitant le
même appartement paraissait rechercher les bonnes
grâces de sa maîtresse, l'épeiche s'approchait de la cage
de sa rivale, s'appuyait à terre sur ses deux ailes, lançait
de vigoureux coups de bec et forçait ainsi son adversaire
et au silence et à la retraite. Un tronc d'arbre perforé
avait été placé dans sa cage pour lui servir de nid. L'é-
peiche avait dédaigné le trou qui avait été pratiqué par
la main de l'ouvrier pour s'en creuser un autre. Il semblait rejeter le travail de l'homme comme étant moins
approprié à son usage. Il se livrait constamment à un
travail fatigant ; il coupait les pailles de toutes les chaises,
et dans ce labeur continuel, son bec semblait s'émousser
pour repousser bientôt avec une nouvelle force. M. Huart
a pu, plusieurs fois, prendre cet oiseau, le placer dans
son paletot et circuler ainsi en ville sans que l'épeiche
cherchât à échapper à cette captivité qu'il paraissait affec-
tionner. Après quinze mois de séjour dans le même appartement, il disparut sans qu'on ait pu connaître quel
avait été son sort.

PIC MAR. — PICUS MEDIUS.

Le nom de *mar* est une abréviation de Mars, auquel
le pic était consacré, comme Ovide l'a consigné dans ses
vers. On lui donne indifféremment l'épithète *martius* ou
medius. Ce dernier adjectif indique qu'il tient le milieu
pour les dimensions entre l'épeiche et l'épeichette nommée *picus minor*. Le pic mar ou moyen épeiche est rare
dans tous les pays. Ses couleurs sont moins vives que
celles de l'épeiche. Il visite comme celui-ci les troncs et
les branches des arbres en tous sens, monte et descend
en décrivant des spirales. Ce pic pond de trois à cinq
œufs dans un trou naturel ou dans un vieux nid abandonné par ses congénères, ou dans une branche qu'il a
perforée. Les œufs ont 0^m,022 de longueur et 0^m,016 de
diamètre. La femelle ressemble au mâle, mais les plumes
rouges de sa tête sont moins développées et d'une couleur moins vive.

PIC ÉPEICHETTE OU PETIT ÉPEICHE. — PICUS MINOR.

Les différents noms donnés à ce pic sont basés sur sa
taille : il est le plus petit de la famille. L'épeichette vit de
vers, de chenilles, d'insectes, de petites baies, et comme
elle peut trouver beaucoup plus facilement sa nourriture
que les autres pics, on la voit assez souvent en société :
nouvelle preuve que la solitude à laquelle se condamnent
les grands pics provient de la difficulté qu'ils éprouvent
à se procurer une proie suffisante pour vivre. L'épeichette pond quelquefois dans un vieux nid de mésange,
de sitelle ou dans une cavité naturelle, quatre ou cinq
œufs semblables à ceux des autres pics. D'autres fois elle
perfore une vieille branche vermoulue pour y déposer ses
œufs. Leur longueur moyenne est de 0^m,018 et leur dia-

mètre de 0^m,014. La femelle n'a pas de rouge sur la tête qui est entièrement noire.

Ici se termine l'ordre des grimpeurs comprenant, pour l'Anjou, sept espèces, qui toutes travaillent incessamment à préserver les arbres des ravages des insectes et des vers rongeurs, et dont deux, le pic vert et le pic cendré, perforent les arbres pour chercher leur nourriture ou préparer leur nid; les autres attaquent quelquefois les branches vermoulues, mais le plus souvent se servent de vieux nids abandonnés.

Avant de passer au troisième ordre des oiseaux de la Faune de Maine-et-Loire, je ne puis résister au désir de raconter un fait qui corrobore mon opinion favorable aux pics, et combat les méfaits qu'on reproche aux grimpeurs avec trop de partialité et d'injustice.

Un de mes amis, grand amateur d'histoire naturelle, loin de partager mon sentiment sur cette famille de proscrits, prenait plaisir à recueillir toutes les observations propres à augmenter la liste des ravages attribués aux pics. Ainsi que l'un de ses parents, il se montrait disposé à mettre à prix, dans toute l'étendue de ses propriétés, les langues des proglosses. Combien d'autres cependant, plus nuisibles et plus dangereuses que celles-ci, ne sont pas punies avec le même acharnement ! Comme ce parent, il eût désiré recevoir de temps en temps une petite boîte pleine des langues des grimpeurs. Cette boîte était expédiée d'une manière très-régulière et une prime pour chaque langue était accordée à l'heureux chasseur qui exécutait un ordre, dont pour lui l'importance se mesurait sur les bénéfices qu'il en retirait. Après un séjour assez long à la campagne, pendant le-

quel le mandat d'exterminer tous les pics avait été renou-
velé aux gardes et aux fermiers avec une ferveur toujours croissante, mon ami vint me trouver, pressé en
même temps par un sentiment de joie et de tristesse. Il
s'agissait de m'annoncer d'un côté une perte qu'il venait
d'éprouver et de l'autre une nouvelle preuve péremptoire
justifiant sa haine contre les pics. Un des plus beaux
arbres de sa campagne, un chêne magnifique, végétait
depuis plusieurs années ; des branches et une partie de
l'écorce s'étaient détachées du tronc, l'arbre paraissait
languir et devoir bientôt se dessécher entièrement. Les
pics de toute la contrée semblaient s'être donné rendez-
vous pour le percer dans tous les sens. Quelques personnes étaient portées à reconnaître dans ce fait une
croisade organisée par la vengeance ; j'y trouvai au contraire un acte de générosité exercé envers un persécuteur. Mon ami pensait que l'arbre périssait parce que les
pics l'avaient perforé ; je croyais au contraire qu'ils le
sondaient dans tous les sens pour lui venir en aide
et protéger son existence. Le chêne est condamné et
abattu, le tronc scié en plusieurs billes. Le charpentier,
partageant les idées du propriétaire, et convaincu que
l'arbre n'était défectueux que dans les endroits où les
pics l'avaient perforé, avait payé le chêne un prix assez
élevé. Nouveau service rendu à mon ami par les grimpeurs. On remarqua bientôt que sous l'écorce dont une
partie avait disparu, existait une fissure pénétrant dans
l'intérieur de l'arbre et offrant des ramifications irrégulières, tantôt étroites, tantôt larges et se prolongeant
dans la plus grande partie du tronc pour se terminer par
une déchirure complétement déguisée. L'eau avait pénétré dans cette plaie et corrompu insensiblement les
parties voisines, et dès-lors une quantité considérable de
gros vers rongeurs s'y étaient installés. Là, ils avaient
établi leur quartier général, d'où ils sortaient fréquem-

ment pour exercer de terribles ravages. C'était à ces
ennemis du chêne que les pics avaient déclaré une guerre
acharnée et non à leur persécuteur, dont ils défendaient
la propriété avec une persévérance payée par une noire
ingratitude. Il fut constaté que le dépérissement de l'arbre devait être attribué à la foudre qui avait plusieurs
fois frappé le chêne et exercé quelques-uns de ces effets
si bizarres et si capricieux, mais qui lui sont cependant
si habituels, et dont les conséquences n'avaient pas été
visibles immédiatement.

Cette fois encore, dans le procès intenté aux pics, la
déposition du témoin à charge, non-seulement était
anéantie, mais tournait à la justification complète des
accusés.

La défense des buses, que je n'ai présentée que d'une
manière superficielle, serait encore plus facile à soutenir
que celle des grimpeurs. Il me paraît en effet très-aisé
de prouver aux propriétaires qui déclarent une guerre
implacable à ces rapaces, que leur acharnement n'est
pas fondé. Les dégâts que peuvent exercer les buses sont
bien loin de pouvoir être comparés aux services que ces
oiseaux rendent à l'agriculture en détruisant tous les
petits mammifères et les gros insectes qui dévorent les
semences. Depuis de longues années, M. Deloche, con-
servateur du Musée, a préparé et monté plus de cent
cinquante buses ; toutes, sans exception, contenaient
dans leur intérieur des débris de rats, de mulots, de
taupes, des pelotes composées de courtilières et de gril-
lons, et jamais aucune trace de gibier. Mon intention
n'est pas de soutenir que les buses n'attaquent et ne
mangent jamais de gibier, ce serait avancer une opinion
fausse ; mais elle se borne à constater que ce dernier
grief n'est pas aussi fréquent qu'on le croit ordinairement, et qu'il doit s'effacer en présence des services habituels rendus par ces rapaces aux propriétés, surtout au

commencement de l'hiver. C'est en effet vers cette époque que les buses se livrent à des pérégrinations continuelles, lorsque les semences ont le plus besoin d'être préservées des ravages exercés par une multitude de petits rongeurs et d'insectes nuisibles.

3ᵉ ORDRE. — PASSEREAUX [1].

Le troisième *ordre* des oiseaux porte dans la Faune de Maine-et-Loire le nom de *passereaux*, d'autres auteurs lui ont donné celui de *sylvains*. La première dénomination me paraît plus convenable que la seconde, en ce sens qu'elle est plus générale et qu'elle s'applique mieux aux nombreuses familles renfermées dans cet *ordre*.

Le mot *passereau*, comme le latin *passerulus* (Pline), est un diminutif de *passer*, *eris*. Il a la même racine que *passus*, pas, d'où est venu le verbe de la basse latinité *passare*, passer, signifiant aller d'un endroit dans un autre, sans s'y fixer longtemps, et représentant d'une manière expressive les habitudes des oiseaux désignés par ce nom. Le plus grand nombre des passereaux émigre selon les saisons et va demander à de nouveaux climats la nourriture que d'autres lui refusent. Pendant leur séjour même dans les pays qu'ils habitent, ils aiment

---

[1] Je répète ce que j'ai dit : je n'ai nullement l'intention de composer une Faune, mon but est simplement d'expliquer par les habitudes des oiseaux, leurs noms scientifiques et vulgaires et de montrer l'action de la *Providence*, là où les naturalistes ne voient trop souvent que bizarrerie ou caprice.

par goût et par nécessité à en parcourir les différents
sites. Les bois, les plaines, les buissons, les bords des
rivières sont tour à tour témoins de leurs excursions rapides et multipliées.

PREMIÈRE FAMILLE.

Latirostres.

La première famille de l'*ordre* des *passereaux* a reçu
le nom de *latirostres* (de *latum*, large, et *rostrum*, bec).
Dieu, selon le dessein de sa providence, a procuré à ces
oiseaux, dans les dimensions de leur large bec, un moyen
puissant et sûr de saisir les insectes ailés qui leur servent
de nourriture.

PREMIER GENRE.

ENGOULEVENT ORDINAIRE. —— CAPRIMULGUS EUROPÆUS.

L'engoulevent est un oiseau semi-nocturne. Pendant
le jour, il se tient régulièrement à terre, au milieu des
taillis ou des bois de sapins. Si quelque cause le force à
voler pendant le jour, la lumière fatigue ses yeux trop
sensibles et dès lors son vol est saccadé et incertain. On
le voit chercher un refuge sur les arbres contre lesquels
il semble se heurter. N'ayant pas comme les oiseaux de
nuit les moyens de se soustraire à ses ennemis en se cachant dans les cavités des arbres ou des vieux murs, il
deviendrait facilement la victime des chasseurs ou des
rapaces, si la Providence ne lui avait pas donné en com-
pensation un instinct particulier.

L'engoulevent est, avec le scops, le seul oiseau de l'Europe qui se perche parallèlement à la longueur des bran-

ches. Sa couleur se marie très-bien avec celle de l'écorce des branches ; il se confond ainsi avec la branche qui lui sert d'appui et se dérobe aux regards les plus clairvoyants. Quand le soleil disparaît et que le crépuscule lui succède, l'engoulevent s'élance dans les airs et développe toutes les ressources de son vol puissant. Il décrit des cercles en tous sens autour des arbres qu'il enveloppe d'une série de spirales dont le diamètre se rétrécit et s'élargit tour à tour. Son vol tient alors de celui de l'hirondelle et de la chouette. Comme la première, l'engoulevent se joue dans l'air et glisse à la surface de la terre avec une grâce et une facilité remarquables. Comme la seconde, il semble soutenu par ses plumes fines et pressées et son vol s'accomplit sans bruit quand il ne chasse pas. Lorsque cet oiseau poursuit les insectes pendant les quelques heures du crépuscule, il ouvre un bec d'une grandeur démesurée et garni à sa base de quelques poils longs et raides. Ceux-ci concourent à diriger les insectes dans le gosier de l'engoulevent, qui ne se referme que lorsqu'il est tapissé de victimes. Pour que ces dernières ne puissent sortir de cette prison, une fois qu'elles y sont entrées, tout l'intérieur du bec est enduit d'une couche de glu naturelle que l'oiseau renouvelle selon ses besoins. En volant avec une grande vitesse et le bec ouvert, l'engoulevent produit un bourdonnement sourd qui augmente ou diminue avec la rapidité du vol. L'air étant alors vivement déplacé vient s'engouffrer dans le large gosier de ce passereau et produit le même effet que l'air dans le corps d'une toupie dont le ronflement est en rapport avec la puissance de rotation qu'on lui imprime. C'est à cette manière de voler qu'il doit son nom d'*engoulevent*. Quelques instants avant de commencer la chasse, le mâle fait entendre un bruit très-sonore et semblable à celui d'un rouet à filer ; il répète le même bruit pendant les moments de repos qu'il prend pendant ses

excursions crépusculaires. De temps en temps, il inter-
rompt son vol, pour se laisser tomber à terre avec la rapidité d'une balle, et y saisir les bousiers et autres coléoptères qu'il a aperçus dans sa course, malgré la rapidité avec laquelle il l'accomplit.

Cet oiseau rend des services réels à l'agriculture en
détruisant des myriades de hannetons et de larves de
toute espèce, pendant le temps que tous les autres insectivores se livrent au sommeil. L'engoulevent poursuit
pendant la nuit l'œuvre si utile de destruction commencée
par les hirondelles pendant le jour.

Les épithètes *ordinaire* et *européen*, ajoutées au nom
de l'engoulevent, indiquent que cette espèce est la plus
commune. Partout elle se trouve répandue et cependant
nulle part elle n'est multipliée. Cette dénomination sert
aussi à la distinguer de l'*engoulevent à collier roux* qui
habite l'Afrique et se montre dans quelques contrées
de l'Europe.

Le nom scientifique *caprimulgus* dérive de *caprea*,
chèvre, et de *mulgeo*, *téter*, et signifie dès lors : oiseau
qui tette les chèvres. Cette hypothèse n'est nullement
fondée et ne peut s'expliquer que parce que l'engoulevent, se tenant à terre et étendu sur le ventre pendant
le jour, a été nommé par les habitants des campagnes
crapaud-volant. Ils l'ont comparé au crapaud à cause de
son cri et de son large bec. Dès lors on lui a attribué
l'habitude prétendue du crapaud, celle de téter les chèvres, et ce préjugé est venu s'abriter sous la protection
du nom pompeux adopté par la science. L'engoulevent
aime à séjourner dans les parcs des brebis et des chèvres,
où il trouve sous les excréments de ces animaux de nombreux coléoptères. Le choix de ce domicile contribue
encore à favoriser l'erreur populaire et à conserver à ce
latirostre l'épithète de *tette-chèvre*.

L'engoulevent habite le plus souvent les terrains sablonneux et plantés de sapins ; il aime de préférence les lisières des bois. C'est là qu'il trouve une nourriture abondante et qu'il peut très-facilement élever ses petits. La femelle, beaucoup plus grosse que le mâle, ne fait aucun nid, dépose à terre deux œufs oblongs dont le diamètre varie de $0^m,020$ à $0^m,022$, et la longueur de $0^m,030$ à $0^m,032$. Leur couleur est d'un blanc marbré et couvert de taches brunes et cendrées. Des naturalistes prétendent que lorsque la femelle craint des dangers pour ses œufs, elle les roule ou les transporte même dans son bec en des endroits où elle pense jouir de plus de sécurité. Quelquefois on trouve trois œufs dans le même nid, mais ce cas est très-rare. Il s'est cependant présenté cette année à Bagneux, près Saumur.

Tous les ans, plusieurs couples d'engoulevents viennent se reproduire dans la propriété de M. Boguais, au milieu des taillis encadrés par les bouquets de sapins situés sur les bords de l'étang Saint-Nicolas. C'est là que pendant les mois de juin et de juillet, on peut, vers le coucher du soleil, être témoin du vol, de la chasse et du bruit si curieux de l'engoulevent.

DEUXIÈME GENRE.

MARTINET DE MURAILLES. — CYPSELUS MURARIUS.

Le martinet est de tous les oiseaux visitant l'Europe celui qui arrive le plus tard et qui part le plus tôt. En cela le martinet ne suit pas un caprice, mais l'instinct donné par la Providence qui lui indique le temps et le lieu où il trouve en plus grande quantité les insectes nécessaires à sa nourriture. Chaque année, il avance ou retarde son arrivée et son départ selon les variations de la température.

Plus hirondelle que les hirondelles mêmes, le martinet est compris dans le même genre par le plus grand nombre des naturalistes et porte le nom d'*hirundo apus*, dérivé de ἀ et ποῦς, ποδός, et signifiant hirondelle privée de pieds, de tarses. Cette particularité est un des caractères les plus remarquables du martinet. En effet, malgré ses ailes longues et puissantes, cet oiseau ne peut se dérober à ses ennemis dès qu'il se pose à terre. La nullité de ses tarses ne lui permet pas de prendre son essor, aussi évite-t-il avec le plus grand soin de se reposer sur un terrain non accidenté. Dans les airs, il règne par la facilité et la rapidité de son vol et échappe par cette puissance à tous les oiseaux de proie. Afin d'obvier aux inconvénients qui résultent de cette privation de tarses, Dieu a doué le martinet d'une vue très-perçante. Dès lors, il distingue de très-loin et au milieu de sa course rapide les plus petits insectes fixés sur les rochers ou le long des murailles, sans être obligé de s'arrêter en parcourant les lieux qui lui fournissent sa nourriture.

De plus, le martinet a les quatre doigts dirigés vers l'avant. Ce désavantage est compensé par l'usage de ses doigts, qui constituent ainsi une espèce de griffe avec laquelle l'oiseau se cramponne facilement aux aspérités des rochers et se maintient dans cette position difficile assez longtemps pour y chercher et y saisir sa proie. Cette griffe lui sert aussi de peigne pour se débarrasser de la vermine qui le dévore; aucun oiseau n'en étant aussi couvert que le martinet, Dieu devait, dans son infinie providence, donner à ce latirostre un moyen de combattre ses ennemis.

Pour compléter son œuvre, Dieu a pourvu l'aile des jeunes martinets d'une espèce de crochet, comme celle des chauves-souris : c'est avec cette ressource qu'ils se meuvent dans leur nid. Ce crochet disparaît quand les martinets abandonnent le séjour qui les a vus naître, puisqu'il devient inutile. Les martinets restent dans le nid beaucoup plus longtemps que les autres oiseaux, par la raison que lorsqu'ils le quittent ils doivent être assez forts pour se soutenir dans les airs par un vol prolongé, le repos sur la terre leur étant en quelque sorte interdit. Quand le père et la mère d'une couvée de jeunes martinets pensent que leur progéniture peut se lancer dans les airs, ils s'unissent à d'autres parents et amis, et tous, par leurs cris incessants autour du nid, viennent provoquer les petits à affronter un élément inconnu, tous unissent leurs voix pour démontrer aux jeunes voyageurs aériens qu'aucun danger ne les menace. Quand les petits, cédant à ces sollicitations si pressantes, se précipitent hors de leur nid, ils sont entourés de toute une phalange de martinets, qui en volant autour d'eux paraissent vouloir les soutenir dans l'air, les encourager et les initier à la chasse des insectes. Les cris si vifs et si stridents qui se font entendre dans cette circonstance, paraissent être des acclamations poussées à l'instant où les jeunes martinets saisissent leur première proie : ce sont les chants de joie des parents célébrant les premières victoires de leurs enfants.

Le *martinet* doit peut-être son nom à son vol. Ses ailes frappent l'air et les murailles avec la rapidité de l'instrument mû par la vapeur et les chutes d'eau. La dénomination de *martelet (petit marteau)* sous laquelle il est connu dans l'Encyclopédie d'histoire naturelle semble favoriser cette explication. Elle me paraît d'autant plus fondée que le *martinet* en martelant les murailles avec ses longues ailes, se propose un but sérieux et caractéristique, celui de faire envoler les insectes qui y sont attachés, afin de les saisir ensuite plus facilement dans leur vol ou leur chute. Nous pouvons constater cette habitude dans les mois de juin et juillet. Lorsque la température est élevée et le ciel serein, nous voyons les martinets se réunir en troupes nombreuses, voler avec une grande rapidité, pousser des cris stridents en parcourant tous les immenses contours de notre vieux château si riche en souvenirs. Ces cris sont destinés à effrayer les insectes, à les faire sortir de leurs retraites ou du moins à les déterminer à changer de place pour se cacher et dès lors à les livrer plus sûrement à leurs ennemis en les rendant plus visibles. Les martinets baissent et élèvent tour à tour leur vol ; ils semblent se proposer de balayer avec leurs ailes toutes les parois de cette antique et magnifique forteresse.

Une idée de percussion semble naturellement attachée au nom du *martinet*. Serait-ce un souvenir pénible de l'enfance ?

Le mot viendrait-il de *Mars* et *tinnio* (annoncer par ses cris le combat, la mort), ou de *Mars*, *Martis*, et *neo*, filer, tresser le trépas, la guerre? Ces deux étymologies pourraient s'adapter aux habitudes de ce latirostre. Il répand la mort parmi les insectes en accompagnant cette chasse d'un cri de guerre strident. Dans toutes les sinuosités de son vol, il paraît, en passant et repassant au milieu des insectes qu'il immole, former un tissu comme la navette lancée avec une grande rapidité dans des sens contraires. J'abandonne volontiers aux érudits la tâche de donner une solution à ce problème. Quoi qu'il en soit, ces hypothèses ont l'avantage de faire connaître les habitudes du martinet qui le matin promène la mort parmi les insectes voltigeant sur les prairies, et le soir poursuit dans les régions les plus élevées et avec la rapidité de l'éclair les insectes de haut vol.

Le bec du martinet est triangulaire et sécrète une humeur visqueuse sur laquelle viennent se coller les victimes qu'il saisit en volant. Quand ce latirostre a des petits et que son bec est rempli d'insectes, il passe devant son nid un grand nombre de fois et s'élance ensuite dans le trou qui y conduit, avec la vitesse de la balle. C'est à cette habitude de nicher dans les murailles qu'il doit son épithète *murarius* et son nom scientifique *cypselus*, de Κυψέλη dont la racine Κύπη signifie cavité. Le martinet se retire dans les trous des murailles, des clochers, des bords escarpés des rivières, pendant le milieu du jour, car il ne chasse que le matin et le soir. C'est dans ces cavités qu'il fait assez grossièrement son nid avec les balayures des rues. La petitesse des tarses du martinet ne lui permettant que très difficilement de saisir lui-même ces débris à terre, il devient évident qu'il a recours à la ruse pour se les procurer. En effet, il pille les nids des moineaux dont il mange les œufs et s'y établit ensuite quand il croit pouvoir s'y maintenir. Mais le plus souvent il est immolé par les propriétaires du nid qui percent à coups de bec la tête du ravisseur. Cette habitude du martinet me paraît expliquer l'opinion de Ménage qui pense que le mot martinet est un diminutif du mot *Martin*, nom d'homme, comme perroquet dérive du mot Perrot, Pierre ; sansonnet, de Samson, etc. Car alors *martinet* signifierait *petit Martin*, *petit maître*, *petit père Martin*, individu qui ne se gêne pas avec ses voisins, qui s'installe chez eux volontiers, sans leur permission, et qui s'y conduit en maître, malgré leurs légitimes réclamations et leur énergique opposition.

Pendant longtemps on a ignoré où le martinet passait la nuit, il paraît démontré que généralement cet oiseau se retire dans les clochers et qu'il se livre au sommeil, en s'appuyant sur les poutres de ces édifices. Là encore, il déloge le moineau et cherche à lui ravir une demeure que celui-ci affectionne.

Quelquefois ce latirostre dépose sur des brins de paille l'humeur visqueuse qui tapisse son gosier ; dès lors ces débris se trouvent liés entre eux et forment un tout qui en se durcissant présente l'aspect des nids provenant de la fontaine Sainte-Allyre, en Auvergne. Le martinet enlève aussi la mousse qui recouvre les troncs d'arbres, en s'y accrochant à la manière des pics. C'est la grande difficulté qu'éprouve cet oiseau à saisir à terre les matériaux nécessaires pour la construction de son nid qui a fait naître la pensée de prendre les martinets à la ligne. En Grèce et dans les îles de l'Archipel où ces latirostres sont très nombreux, les enfants montent dans les clochers ou sur les terrasses élevées et laissent voltiger une ligne dont l'hameçon est déguisé sous un morceau de coton ou d'étoffe. Le martinet saisit en volant cet appât et se prend à l'hameçon. Un pêcheur exercé peut capturer deux ou trois douzaines de ces oiseaux, par soirée, dans le temps de la nidification. Les martinets sont recherchés dans ces pays par les gastronomes, comme un mets délicat.

Le martinet pond trois ou quatre œufs blancs, oblongs, dont la longueur varie de 0^m,023 à 0^m,026 et le diamètre de 0^m,016 à 0^m,018.

TROISIÈME GENRE [1].

HIRONDELLE DE CHEMINÉE. — HIRUNDO RUSTICA, DOMESTICA.

Tous les oiseaux compris dans le genre *Hirondelle* sont doués d'une grande puissance de vol. Le faucon se pré-

---

[1] Comme précédemment je vais continuer à énoncer quelques hypothèses sur les étymologies des noms des oiseaux. Parcourant une route inexplorée jusqu'à ce jour, je ne puis suivre aucun guide reconnu par la science; mais si je m'égare et si, dans ce travail, je m'éloigne de la vérité, j'espère du moins n'être pas condamné, car l'hérésie ornithologique comme l'hérésie religieuse suppose l'opiniâtreté dans la défense de ses erreurs. Or, je renonce d'avance à toutes celles qui seront signalées par les maîtres de la science. Les mœurs des oiseaux m'engageront peut-être aussi quelquefois à faire de petites excursions sur le domaine de la philosophie et de la morale, mais je pense trouver, dans l'exemple du bon Lafontaine et dans le caractère dont je suis revêtu, une justification à ces disgressions.

cipite avec plus de rapidité que l'hirondelle, mais celle-
ci glisse avec plus de facilité dans l'air où elle poursuit
les insectes en jetant un petit cri et en ouvrant un large
bec, tantôt dans les régions les plus élevées de l'atmosphère et tantôt en rasant la surface de l'eau. Cette facilité de vol et cette habitude d'ouvrir à chaque instant le
bec pour happer les insectes me semblent indiquer l'étymologie du mot *hirundo*. Il dériverait alors de *hiare*,
bâiller, pousser un son avec effort, et de *undo*, ondoyer,
et signifierait oiseau qui bâille, qui ouvre le bec en on-
doyant dans l'air. Le deuxième verbe caractérise d'une
manière expressive la grâce du vol de l'hirondelle si bien
décrit par Buffon, et le premier s'appuie sur les habitudes
de cet oiseau et l'autorité d'Illiger. Celui-ci dans son
Cours d'histoire naturelle désigne les hirondelles par
l'épithète *hiantes*, les *bâilleuses* et par extension les
criardes. Peut-être pourrait-on hasarder l'étymologie
suivante : *hiare* et *unda*, oiseau qui ouvre le bec en ef-
fleurant l'onde ; quoiqu'un peu téméraire cette étymologie aurait l'avantage de faire connaître une particularité
de la vie des hirondelles qui dans leur vol rapide rasent
la surface de l'eau, ouvrent le bec pour boire sans ralentir leur course ou pour humecter la terre destinée à la
construction de leur nid. Enfin elles aiment à se plonger
dans l'eau à plusieurs reprises, en jetant un petit cri de
satisfaction, dans le but de noyer les insectes nombreux
qui s'attachent à leurs plumes et les tourmentent sans
cesse. Cette habitude avait engagé les Égyptiens à se
servir, dans leurs hiéroglyphes, de l'hirondelle pour représenter la déesse Isis, inconsolable de la mort d'Osiris et
cherchant sans cesse son cadavre sur les flots.

Gessner prétend que le mot *hirundo* vient de *hærendo*,
quia hirundo nidum componit tignis adhærentem. Ainsi,
d'après cet auteur, le nom d'*hirondelle* aurait été donné à
cet oiseau parce qu'il construit un nid adhérent aux

poutres, aux linteaux des croisées. Scaliger fait dériver *hirundo* de χελιδών, d'où *holundo* et *hirundo*. La racine de χελιδών serait-elle alors χέλυς, lyre et εἶδος, forme? Dans cette supposition, cette étymologie s'appliquerait à la queue des hirondelles représentant assez exactement une lyre et fournissant un des caractères les plus distinctifs de ces oiseaux et qui sert à les classer. Cette forme a été assez remarquée pour devenir un terme de comparaison employé dans les arts et même dans les fortifications, où *queue* d'aronde, signifie des travaux représentant une queue d'hirondelle, ou une lyre. Quelques auteurs trouvent une racine du mot hirondelle dans ἔρειν signifiant gazouiller, parler, étymologie qui se rapprocherait de celle que j'ai avancée. Enfin la vieille dénomination de l'hirondelle, *aronde*, nous présenterait un nouvel ordre d'idées, elle viendrait de ἔαρ, printemps et ἐαρινός, ἠρινός, printanier, et signifierait alors oiseau du printemps, qui par son arrivée annonce le retour du printemps.

> Sur le printemps de ma jeunesse folle
> Je ressemblai à l'arondelle qui vole
> Puis çà, puis là. L'âge me conduisoit
> Sans peur, sans soing, où le cœur me disoit.
>
> (MAROT).

Le nom de la *chélidoine* viendrait fortifier cette dernière opinion et servir de trait d'union entre χελιδών et *aronde*. Les anciens avaient en effet donné à la *chélidoine* le même nom qu'à l'hirondelle, parce que cette plante fleurit au printemps, et aussi parce qu'ils pensaient que cet oiseau guérissait, avec le suc de la plante ainsi appelée, les yeux malades de ses petits.

Enfin, Scaliger dit qu'autrefois on se servait pour désigner l'hirondelle du mot latin *helundo*, dérivant selon cet auteur du grec χελιδών.

Partout l'arrivée des hirondelles est accueillie avec

plaisir, car elle annonce le retour du printemps. En Espagne, une légende populaire, répétée dans tous les foyers, donne un autre motif de cette bienvenue. La voici : Pourquoi l'hirondelle est-elle un oiseau aimé et respecté, accueilli en signe de bonheur? C'est que ce fut une hirondelle qui alla arracher les épines dans le front saignant du Christ.

Les mêmes légendes expliquent ainsi le chant étouffé du hibou et son éloignement pour la lumière. Le hibou était autrefois un des oiseaux qui chantaient le mieux. Il se trouva présent lorsque le Seigneur expira, et depuis ce moment il fuit la lumière témoin d'un si grand crime, et il ne fait plus entendre que son cri plaintif et étouffé, où le peuple andaloux croit distinguer encore le mot *Cruz, cruz* (croix, croix).

Les ressources du vol des hirondelles auraient dû résoudre plus tôt la question de leur immersion annuelle. Pendant plusieurs siècles on a cru que ces oiseaux ne pouvaient pas franchir les mers pour demander à d'autres climats la nourriture et l'hospitalité pendant l'hiver. On admettait qu'ils se retiraient dans des cavernes où ils passaient la saison des frimats attachés aux parois des murs à la manière des chauves-souris. Des naturalistes ont même soutenu que les hirondelles se précipitaient dans les puits ou dans les marais pour s'ensevelir sous la vase ou le sable et ressusciter au printemps. Cette opinion contraire aux principes les plus élémentaires de l'organisation des oiseaux, était tellement répandue que Buffon a consacré près d'un demi-volume à la réfuter : si les cailles peuvent franchir la Méditerranée avec leur vol peu soutenu, ce passage ne doit pas être un obstacle sérieux pour les hirondelles. On a constaté depuis un certain nombre d'années que ces oiseaux se trouvent pendant l'hiver par troupes innombrables au cap de Bonne-Espérance et dans les autres régions du midi de l'Afrique : circonstance qui explique l'absence des hirondelles au nord de cette même contrée.

L'hirondelle de cheminée a reçu les épithètes de domestique, de villageoise, de campagnarde (*domestica, rustica*). La première de ces expressions nous reporte à des temps bien éloignés de nous, à des mœurs, hélas! qui n'existent presque plus que comme des souvenirs. Cet adjectif me semble renfermer le sens de deux mots grecs, δῶμα, maison dont la racine est δέμω, signifiant fonder, bâtir, demeurer, et ἑστία, foyer, banquet, et associer ainsi des idées bien touchantes. Dans le temps des mœurs patriarcales, cette expression *domestica*, servante, domestique, fut employée pour désigner ceux qui appelés au banquet et au foyer de la famille, étaient considérés comme des membres de cette même famille dont ils devaient partager les travaux, les joies et les douleurs. C'était à eux que l'on confiait les missions les plus délicates, comme la Bible nous en offre des exemples si multipliés et si attachants. Les domestiques, les serviteurs étaient d'autres soi-même, ils recevaient l'enfant naissant pour lui prodiguer les caresses les plus tendres, les soins les plus intelligents et les plus persévérants; sans ambition, ils n'aspiraient après avoir élevé plusieurs générations et s'être dépensés en soins et en travaux continuels, qu'à rendre le dernier soupir dans la maison et au sein d'une famille qu'ils regardaient et aimaient comme la leur. Maintenant que le cours des siècles, l'indépendance des mœurs et le progrès des idées sceptiques ont renversé et détruit le banquet et le foyer domestiques, ces derniers mots sont vides de sens. Ils ne rappellent plus ces réunions intimes, ces épanchements du cœur, ces causeries dans lesquelles plusieurs générations, maîtres et serviteurs, puisaient tour à tour enseignement, espérance et gaieté, respect et douce confiance, et où les traditions de foi, de loyauté et d'honneur se transmettaient pures et intactes. Dès lors que chacun semble fuir le foyer domestique comme pour échapper à un ennui ou à un remords, et cherche à s'étourdir dans ces réunions, décorées peut-être par un esprit malin du nom de cercles (sans principe et sans fin), le mot *domesticus*, *domestica*, a perdu sa véritable signification. Aujourd'hui il sert malheureusement trop souvent à désigner ceux qui comme les passereaux ne se fixent nulle part, voyagent de maison en maison au gré de leurs caprices, emportant ou laissant tour à tour de tristes souvenirs de leur passage éphémère sous le toit qui leur a donné l'hospitalité. Héritière des vieilles traditions, l'hirondelle de cheminée est véritablement domestique, dans la bonne acception du mot. Elle vient se reposer au foyer de la maison, elle s'y fixe, y établit son nid et y élève ses petits avec une tendre sollicitude. L'année suivante, le même foyer la verra revenir ; si le nid est demeuré intact, elle s'y installe immédiatement comme dans sa propriété ; s'il est détruit, elle le rétablit. L'hirondelle ne quittera la maison de son choix que si elle y est contrainte par la force, et dans ce cas même son dernier chant en s'en éloignant sera un adieu d'amour et de reconnaissance et jamais un cri de malédiction. Plus tard les jeunes viendront continuer la chaîne de la tradition et le même nid verra s'élever et se succéder bien des générations. Chaque année le retour sera annoncé aux habitants de la maison par une série de petits cris, expression de la joie et de la confiance, et le moment du départ salué par des signes non équivoques de regret et de sympathie. Les cris que les hirondelles font entendre à leur arrivée et à leur départ sont peut-être pour elles l'expression des mêmes sentiments que ceux que nous éprouvons lorsqu'après une longue absence nous retrouvons les lieux qui nous ont vus naître ou lorsqu'il s'agit de quitter le toit paternel pour entreprendre un lointain et périlleux voyage. Les auteurs d'histoire naturelle viennent corroborer l'opinion que j'ai émise, lorsqu'ils disent que le nom *domestica* a été donné à cette hirondelle parce qu'elle est plus familière (*de la famille*) que les autres et paraît aimer et rechercher la société de l'homme.

L'épithète *rustica* fait connaître que ce latirostre est plus commun à la campagne que dans les villes. Est-ce parce que là il retrouve encore, malgré le naufrage des mœurs et des saines traditions, plus facilement le foyer et le banquet domestiques? Indépendamment de cette hypothèse, peut-être toute gratuite mais qui sourit à ceux dont l'intelligence et le cœur cherchent à saisir partout où ils les entrevoient quelques pensées consolantes pour s'y reposer, l'hirondelle domestique trouve plus facilement à la campagne que dans le sein des villes des cheminées privées de feu dans lesquelles elle puisse établir son nid. Ce motif est le seul que tous les naturalistes aient donné pour expliquer la présence de l'hirondelle domestique dans les campagnes et son éloignement de plus en plus général du séjour des villes. Cette raison ne me paraît pas péremptoire, et, pour la fortifier et la compléter, je soumets les hypothèses suivantes. Les cheminées étant beaucoup plus larges à la campagne que dans les villes où leur diamètre se rétrécit de jour en jour, ne contribuent-elles pas ainsi par leurs dimensions à préserver plus facilement les hirondelles de l'incommodité de la fumée? En second lieu, les cheminées des campagnes étant très rarement ramonées n'offrent-elles pas encore sur ce point un précieux avantage aux hirondelles, en leur donnant par les aspérités dont les murs sont revêtus plus de facilité pour fixer leur nid, et surtout en conservant pendant de longues années le travail fait précédemment? Enfin, l'extrémité des cheminées de campagne n'est pas restreinte par des appareils plus ou moins étroits, et procure à l'hirondelle plus d'espace pour ses évolutions et concentre moins la colonne de fumée. Le nid de cette hirondelle est façonné avec de la terre détrempée et mélangée à du foin ; il reçoit ordinairement une forme sphérique, excepté du côté par lequel il tient au mur de la cheminée. Souvent ce nid est établi sur celui de l'année précédente, et il n'est pas rare d'en trouver trois ou quatre superposés. L'intérieur garni de plumes et de débris de toute espèce contient le plus souvent quatre ou cinq œufs d'un blanc parsemé de taches d'un rouge noir. Leur longueur varie de $0^m,018$ à $0^m,020$ et leur diamètre de $0^m,012$ à $0^m,014$.

La première ponte est suivie régulièrement d'une seconde dont les œufs dépassent rarement le nombre trois.

L'hirondelle de cheminée justifie encore les noms qui lui ont été donnés, par les soins et la tendresse avec lesquels elle élève ses petits. Quand ils commencent à voler elle les précède en leur présentant de la nourriture, comme une bonne mère s'éloigne de son enfant, en lui offrant des friandises, pour l'engager à essayer ses premiers pas. Plusieurs se sont précipitées dans les flammes qui dévoraient les maisons auxquelles étaient confiés leurs petits, aimant mieux se donner la mort que de se séparer des objets de leur tendresse. On a su tirer profit de ces sentiments affectueux de l'hirondelle, et des mères enlevées à leurs petits ont été envoyées à de grandes distances ; rendues alors à la liberté, elles revenaient bientôt sur leurs nids et, messagères rapides, rapportaient le billet confié à leur tarse.

L'hirondelle qui retrace les mœurs patriarcales, élève chaque année plusieurs couvées ; les petits de la première couvée viennent en aide à leurs parents pour nourrir leurs jeunes frères et paraissent tout joyeux de voir se multiplier leur famille.

Non-seulement l'hirondelle de cheminée entoure ses petits d'une tendresse et d'une sollicitude qui ne se dé-

mentent jamais, mais elle accomplit sans cesse une mission de charité en faveur de tous les oiseaux sans défense.
Par ses cris elle les avertit de l'approche des rapaces
qu'elle poursuit de ses clameurs sans avoir rien à redouter de leur colère.

On lit dans le mémoire de M. le docteur Mabille sur
la vie et les ouvrages de notre compatriote Bernier, un
passage extrait de la Philosophie de ce célèbre voyageur
qui offre dans une touchante et naïve peinture, une nouvelle preuve de la sollicitude avec laquelle l'hirondelle
veille sur ses petits. Voici ce passage : « Il me souvient,
« dit Bernier, de ce que me promenant un jour le long
« d'un chemin, j'aperçus sur la branche d'un saule
« assez bas, trois petites hirondelles nouvellement sorties
« du nid, qui ne s'envolèrent pas quoique je passasse
« tout proche. Retournant sur mes pas et repassant pour
« la troisième fois par-dessous la branche, j'étendis la
« main comme pour les prendre, mais deux grandes
« hirondelles étant survenues sur ces entrefaites et ayant
« gazouillé je ne sais quoi, les petits s'envolèrent aussitôt.
« Ce qui me fit juger premièrement que ces grandes
« hirondelles étaient le père et la mère qui en les que-
« rellant les avaient avertis de me fuir comme un de
« leurs ennemis, en second lieu que la plupart des ani-
« maux ne nous fuient que parce qu'ils ont reçu quel-
« ques dommages de nous. »

HIRONDELLE DE CROISÉE. — HIRUNDO URBICA.

Les différents noms donnés à cette hirondelle indiquent
qu'elle préfère la ville à la campagne et choisit souvent
les croisées pour y fixer son nid. Celui-ci est composé
avec de la terre que les lombrics rejettent après en avoir
extrait les sucs et à laquelle ils communiquent une certaine viscosité. Ici se manifestent encore les preuves de

l'admirable instinct que Dieu, dans les desseins de sa providence, a donné à ces oiseaux pour qu'ils atteignent le but qu'il s'est proposé en les créant. Cette terre, en effet, est préférée à toute autre par la raison qu'elle se lie plus facilement. Mais comme elle se trouve en plus grande quantité lorsqu'il tombe de la pluie, il est donc important de profiter de cette circonstance. Que feront les hirondelles? Un certain nombre se réuniront, mettront leurs efforts en commun, et les nids se façonneront simultanément pour plusieurs ménages. On profite des matériaux précieux, et la petite société éloigne une perte de temps et une fatigue inutiles. Quelques-unes désirant se servir du travail des autres sans se lasser elles-mêmes, comme cela arrive hélas ! trop souvent parmi les hommes, viennent chercher la terre au nid que l'on construit afin d'éviter un parcours beaucoup plus long. Peut-être aussi celles-ci ont-elles été reléguées de la société de leurs congénères, et sont-elles des prétendants malheureux. Dès lors, si la vengeance était le mobile de leur conduite, les hommes auraient-ils bien le droit de les blâmer?

Ces nids adhèrent à une croisée ou à un mur, ont une forme cylindrique et ne présentent en haut qu'une petite ouverture par laquelle l'hirondelle pénètre en se diminuant de volume. L'exiguité de cette entrée empêche les autres oiseaux de s'y introduire et permet aux propriétaires de défendre plus facilement leur domicile. Cependant quelquefois les moineaux s'y introduisent, mais très-souvent dans ce cas le domicile qu'ils ont volé devient leur tombeau; les hirondelles s'empressent de fermer avec de la maçonnerie l'ouverture du nid, et le malfaiteur périt de faim, victime de sa témérité.

Les hirondelles recherchent surtout les grands murs et les rochers peu éloignés des rivières, pour y accoler leurs nids. A Lyon, la façade de l'hôpital situé sur le quai de la Saône, est couverte de rangs innombrables de ces nids formant plusieurs guirlandes suspendues les unes au-dessus des autres.

L'hirondelle de croisée, plus sauvage que la précédente, arrive dans nos contrées quelques semaines avant sa congénère. Elle chasse les insectes sur le bord des eaux qu'elle effleure quelquefois pour y tremper la terre destinée à son nid.

Dans son vol, elle frappe de ses ailes les moucherons fixés aux parois des murailles, afin de les en détacher et de les saisir ensuite au vol. Ainsi que la précédente, l'hirondelle de croisée chasse le bec fermé, et toutes les fois qu'elle aperçoit une proie elle la saisit en faisant claquer son bec. Comme l'hirondelle de cheminée elle rend de vrais services à l'homme en purgeant l'air d'une multitude d'insectes nuisibles ou gênants. Elle fait deux pontes, la première de quatre à six œufs et la seconde de trois à quatre ; ils sont d'un blanc lustré, sans tache et un peu piriformes. Leur longueur est de $0^m,016$ à $0^m,018$ et leur diamètre de $0^m,011$ à $0^m,013$.

Quand les hirondelles de croisée ou de cheminée doivent émigrer, elles se réunissent en grand nombre. Quelques-unes plus âgées ou plus expérimentées, semblent avoir reçu la mission d'avertir les autres que le moment propice pour le départ est arrivé ; pendant quelques jours on les voit parcourir les diverses parties d'une ville ou d'une campagne, faire entendre un petit cri très-vif qui ressemble à un cri d'impatience, venir et revenir bien des fois sur leurs pas ; on dirait des chefs s'empressant de réunir leurs soldats pour une expédition lointaine. A la voix de ces hirondelles, leurs compagnes se réunissent sur un arbre ou sur un édifice élevé et là par de petits cris multipliés marquent les différents sentiments qu'elles éprouvent au moment d'entreprendre un voyage long et quelquefois périlleux. A Angers, le lieu du rendez-vous est ordinairement le toit si vaste et si élevé du Musée. Pendant plusieurs jours elles se livrent à des exercices préparatoires et simulent un départ général ; les chefs trouvent ainsi le moyen de reconnaître celles qui par leur énergie et la puissance de leur vol, pourront être placées en première ligne et celles qu'il faudra mettre au centre et qui auront besoin d'être soutenues et encouragées.

Après plusieurs jours d'attente et de préparatifs, quand les chefs croient être certains que toutes les hirondelles ont été averties et que toutes les dispositions sont prises, on entend un cri général qui paraît être un assentiment unanime. On dirait une de ces anciennes assemblées parlementaires tumultueuses, acclamant un vote d'où dépend le bien-être d'un grand peuple. A ces cris succède un silence général, et toute la colonie part avec la rapidité de la flèche, au commencement de la nuit, selon le mot d'ordre donné par les chefs, afin d'échapper plus facilement aux oiseaux de proie et pour éviter l'action énervante du soleil et de la chaleur. C'est ce voyage exécuté pendant la nuit qui a contribué à jeter tant d'incertitude sur l'émigration des hirondelles.

On connaît les vers charmants de L. Racine décrivant le départ de nos oiseaux voyageurs :

> Ceux qui, de nos hivers redoutant le courroux,
> Vont se réfugier dans des climats plus doux,
> Ne laisseront jamais la saison rigoureuse
> Surprendre parmi nous leur troupe paresseuse.
> Dans un sage conseil par le chef assemblé
> Du départ général le grand jour est réglé;
> Il arrive, tout part : le plus jeune peut-être
> Demande, en regardant les lieux qui l'ont vu naître,
> Quand viendra ce printemps par qui tant d'exilés
> Dans les champs paternels se verront rappelés.

> *(La Religion,* chant Ier).

HIRONDELLE DE RIVAGE. — HIRUNDO RIPARIA.

Cette hirondelle, plus petite que les espèces précédentes, est aussi plus vive et plus pétulante dans la chasse qu'elle fait aux insectes. Elle doit son nom aux lieux qu'elle habite et dans lesquels elle se reproduit. Elle ne quitte guère les bords des rivières et des fleuves et établit son nid dans les trous des rats d'eau. Quand elle n'en trouve pas de convenables, elle cherche des terrains friables, choisit ordinairement ceux qui sont escarpés ou coupés à pic par des éboulements. Elle creuse avec rapidité un trou de $0^m,50$ de profondeur. L'ouverture en est étroite pour opposer un obstacle à l'introduction des ennemis de la petite famille, et afin de pouvoir être défendue au besoin avec plus de facilité. Le boyau qui y conduit est souvent en zig-zag et présente ainsi un nouveau moyen de sûreté. L'extrémité au contraire se développe et offre une excavation plus spacieuse et plus commode pour les différents mouvements de la couveuse. Le nid qui en tapisse le fond est garni de paille, de duvet, de plumes, etc., et contient cinq ou six œufs blancs, piriformes, très-fragiles et même transparents. Ils ont ordinairement $0^m,017$ de longueur et $0^m,012$ de diamètre.

L'hirondelle de rivage ne fait qu'une couvée, et pour dissimuler la véritable entrée de son nid, elle s'y précipite de plein vol et sans ralentir la rapidité de sa course. Au moyen de ses ongles longs et crochus, elle peut se fixer aux bords de son nid, aux flancs des rochers ou des rives escarpées, jusqu'à ce qu'elle ait saisi la proie qu'elle y a aperçue.

HIRONDELLE DE ROCHER. — HIRUNDO RUPESTRIS.

L'hirondelle de rocher vient rarement en Anjou, elle habite les pays de montagnes. C'est là qu'elle fait son nid de la même manière que sa compagne de cheminée, avec cette différence toutefois qu'elle l'appuie le long des rochers et qu'elle emploie quelques petits morceaux de gravier pour lier la terre, à la place du foin et de la paille. La femelle ne fait qu'une ponte. Les œufs au nombre de cinq ou six sont d'un blanc pointillé de brun ; leur longueur ordinaire est de $0^m,020$ et leur diamètre de $0^m,014$. Ils se distinguent de ceux de l'hirondelle de cheminée, par des proportions ordinairement plus fortes et surtout par des taches plus larges et d'une couleur plus foncée.

Cette espèce montre moins de tendresse pour ses petits que ses congénères. Peut-être faut-il attribuer cette disposition aux lieux qu'elle habite. Offrant peu de dangers et fournissant plus de ressources, ils exigent moins de précautions.

Je termine ces notions par quelques renseignements propres à faire distinguer les quatre espèces d'hirondelles.

Le manteau de l'hirondelle de cheminée est d'un noir à reflets bleuâtres, le dessous du corps est blanchâtre avec une légère teinte aurore. Les mâles ont les couleurs plus vives que les femelles.

La gorge et le croupion de l'hirondelle de fenêtre sont d'un beau blanc. Ce dernier caractère lui a fait donner le nom de *cul-blanc*. Le reste du corps est d'un noir lustré.

Le collier et le manteau de l'hirondelle de rivage sont d'un gris de souris ; les autres parties, d'un blanc pâle. Cette espèce est beaucoup plus petite que ses congénères. Le mâle affecte une couleur plus sombre que la femelle et sa gorge reflète une teinte jaunâtre. L'hirondelle de rocher, la plus grosse des quatre espèces qui se montrent en Anjou, a toutes les plumes d'un gris bordé de roux.

QUATRIÈME GENRE.

GOBE-MOUCHES. — MUSCICAPÆ.

Les *gobe-mouches* complètent la famille des latirostres.
La Faune de Maine et Loire comprend trois espèces de
ces oiseaux. Dans les pays chauds où les insectes sont
très-multipliés et très-incommodes, les gobe-mouches se
trouvent en grand nombre et la force de ces auxiliaires
de l'homme croît en proportion avec celle de ses ennemis.
Ils ne viennent en notre département que pendant l'été,
lorsque leur présence est utile et nécessaire aux hommes
et même aux troupeaux qu'ils délivrent des insectes qui
les poursuivent ou les persécutent en plein air. Les
gobe-mouches ont le bec comprimé à la base, presque
triangulaire et garni de poils longs et durs, caractère
qui se retrouve chez presque tous les oiseaux qui vivent
d'insectes ailés. Ces latirostres sont solitaires et querel-
leurs; ils doivent leur nom aux petites mouches qui composent leur nourriture ordinaire. Pour les saisir, ils se
tiennent souvent à l'extrémité des arbres, d'où ils s'é-
lancent sur leur proie quand elle passe à leur portée.
Ils voltigent aussi de branche en branche et descendent
jusqu'à terre, selon que les variations de l'atmosphère
engagent les insectes à se tenir dans des endroits plus ou
moins élevés. Les gobe-mouches recherchent les bois
frais, les promenades publiques et les lieux dans lesquels
viennent paître les troupeaux. Le plus souvent ils saisissent les mouches au vol pour les manger ensuite sur
la branche d'où ils se sont élancés. Presque tous les mouvements des gobe-mouches sont accompagnés d'un balancement des pennes de la queue, habitude qui leur imprime une physionomie toute particulière et a contribué
à faire de leur nom une épithète peu flatteuse.

GOBE-MOUCHES GRIS. — MUSCICAPA GRISOLA.

Les deux dénominations, française et latine, données à cet oiseau, ont entièrement la même signification. La première indique la nourriture (*muscas capere*, prendre les mouches) et la seconde la couleur de ce latirostre.

Le gobe-mouches gris est commun dans notre département, pendant l'été. Il fait un nid assez grossier, qu'il appuie sur quelques inégalités du tronc des arbres. D'autres fois, il le place sur des ceps de vigne. Ce nid contient ordinairement quatre ou cinq œufs d'un fond blanc ou jaune pâle, couvert de taches roussâtres ; leur longueur est de $0^m,018$ et leur diamètre de $0^m,014$.

GOBE-MOUCHES A COLLIER. — MUSCICAPA ALBICOLLIS.

L'épithète *à collier blanc* sert à distinguer ce gobe-mouches du précédent. Les habitudes sont presque les mêmes. Plus vif que les gobe-mouches gris, mais aussi stupide, il se tient ordinairement plus près de la terre ; il niche assez souvent dans les trous des sitelles, des torcols, des mésanges, et aime à profiter du travail des autres. Ses œufs, au nombre de quatre ou cinq, sont d'un bleu pâle ou d'un vert sale ; leurs dimensions ordinaires sont $0^m,019$ et $0^m,013$.

GOBE-MOUCHES BEC-FIGUE. — MUSCICAPA LUCTUOSA.

Le mot *luctuosa* qui signifie *sombre, couleur de deuil*, indique la particularité distinctive du plumage de cette espèce. Ce gobe-mouches, moins défiant encore que ses congénères, recherche les insectes, et les mouvements nécessaires auxquels il se livre pour les saisir, ont fait croire qu'il becquetait les figues. Mais cette opinion ne peut s'appuyer que sur quelques cas qui offrent plutôt une exception qu'une règle générale.

Ce gobe-mouches niche comme le précédent ; ses œufs, ordinairement au nombre de quatre ou cinq, ont souvent une forme oblongue et sont d'un bleu verdâtre peu prononcé. Leur longueur est de 0ᵐ,017 et leur diamètre de 0ᵐ,012.

Les deux dernières espèces sont beaucoup plus rares dans notre département que le gobe-mouches gris. Elles ne font que le traverser à différentes époques de l'année sans s'y arrêter pour nicher.

Dentirostres.

La troisième famille de l'*ordre* des *passereaux* comprend les *dentirostres* ; ceux-ci doivent leur nom à l'échancrure qu'ils ont au bec, caractère qui les rapproche des *rapaces* ; ce mot est composé de *dens, dentis*, dent et de *rostrum*, bec et signifie dès-lors *bec avec des dents, bec denté*.

PREMIER GENRE.

PIE-GRIÈCHE. — LANIUS.

Je donnerai l'étymologie du mot *pie* quand il s'agira de la véritable *pie, corvus pica*, et je me bornerai à expliquer maintenant l'épithète donnée au premier genre des *dentirostres*.

La dénomination *grièche* vient de *grœca, grec* ; elle a été attribuée à ces oiseaux pour indiquer le pays où ces passereaux sont très-communs et pour désigner parfaitement les mœurs des *pies-grièches*.

Ortie grièche, perdrix grièche signifient ortie grecque,

perdrix grecque. Autrefois, les Français appelaient les cailles des *grièches*, parce que ces oiseaux paraissaient venir des provinces de la Grèce.

Dans notre langue, l'épithète *grec, grecque* conserve les significations attachées au mot *græco, faire le grec,* c'est-à-dire être *hautain, persécuteur* et *de mauvaise foi, tendre des piéges aux faibles,* etc. Dès lors on a donné ce nom aux personnes auxquelles on supposait des habitudes désagréables, un caractère sans pitié, une tendance à des querelles incessantes jointe souvent à un bavardage fatigant. En un mot, l'épithète *pie-grièche* est restée parmi nous comme une véritable injure. Toutes les mauvaises acceptions de cet adjectif conviennent entièrement au premier genre des *dentirostres.* Quoique petites et armées de doigts peu redoutables, les *pies-grièches* luttent contre tous les rapaces, non-seulement pour se défendre, mais même pour les éloigner, quand elles pensent que les oiseaux de proie ne se tiennent pas à une distance assez considérable des lieux où elles ont fixé leur séjour. Chaque couple, à l'imitation des aigles, se choisit un arrondissement de chasse, sur lequel il veut régner en véritable despote. Le vol des pies-grièches sert de transition entre celui des pies et celui des oiseaux de proie; il est composé d'une série de courbes figurant des festons et des guirlandes.

Les *pies-grièches* mettent en fuite les corneilles, les crécerelles et soutiennent même avec avantage le combat contre les milans et les buses. Elles poursuivent les petits oiseaux, les jeunes levrauts, leur crèvent la tête avec le bec ou les étranglent avec les ongles. Leur audace est telle que, dans les pays où l'on tend des piéges aux oiseaux de passage, elles s'élancent au milieu des filets pour tuer et saisir les appeaux, même lorsque ces derniers sont des chouettes chevêches. Elles immolent aussi des souris, des mulots et d'autres petits mammifères.

Elles rendent de vrais services en détruisant des myriades de capricornes qui font des trous aux peupliers et occasionnent ainsi aux arbres des fistules qui les font périr.

Le mot latin *lanius* signifie *bourreau*, *boucher* ; il peint d'une manière très-expressive les mœurs des *pies-grièches*. Comme les bourreaux, elles font un grand nombre de victimes et insultent encore au malheur de celles-ci par leurs cris stridents et railleurs ; elles semblent vouloir couvrir leurs voix et étouffer leurs plaintes. Non-seulement les dentirostres tuent les oiseaux et les insectes en quantité suffisante pour assouvir leur appétit vorace, mais elles pourvoient encore à l'avenir en faisant des réserves abondantes. Les *pies-grièches* enfilent alors une série de gros coléoptères dans les épines des buissons élevés et touffus et se rapprochent ainsi des bouchers en faisant en quelque sorte un étalage des victimes qu'elles ont immolées.

Cependant ces oiseaux, qui sont perpétuellement en querelle avec tous ceux qui les entourent, prennent un soin affectueux de leurs petits, qu'ils nourrissent et défendent avec une tendresse et un courage extraordinaires. Lorsque ceux-ci sont sortis du nid, ils restent avec leur père et leur mère et forment une espèce de société dont les membres ne se séparent qu'à l'approche du printemps suivant. Pendant les premières semaines qui suivent leur sortie du nid, les jeunes pies-grièches rousses et écorcheurs se tiennent à l'extrémité des branches des haies situées sur le bord des routes. Elles regardent d'un air très-niais les voyageurs et semblent ne pas comprendre le danger auquel elles s'exposent. Il m'est arrivé d'en tuer plusieurs avec l'extrémité de ma canne sans qu'elles aient cherché à se dérober à la mort.

Quatre espèces de *pies grièches* apparaissent et nichent en Anjou.

PIE-GRIÈCHE GRISE. — LANIUS EXCUBITOR.

Cette pie-grièche, la plus grosse des quatre espèces, est rare dans notre département. Elle se montre le plus particulièrement dans le Saumurois, où elle niche en petit nombre. L'épithète *grise* désigne la couleur de son plumage et le mot *excubitor* (sentinelle) retrace une de ses habitudes les plus singulières. Cet oiseau aime en effet à se tenir à la pointe des branches isolées et les plus élevées des haies ou des arbres, *à y faire sentinelle* jusqu'à ce qu'il aperçoive une proie sur laquelle il se précipite pour l'immoler et reprendre ensuite sa première position. De temps en temps, il pousse une espèce de cri, de *qui vive*, pour effrayer et faire sortir de leur retraite les gros insectes ou les petits oiseaux. Quelques auteurs ont affirmé que le but que se proposait la pie-grièche en occupant la position d'une sentinelle à l'extrémité des arbres les plus élevés était d'avertir les autres oiseaux de l'approche du faucon et des autres rapaces.

Cette pie-grièche mange rarement sur place sa proie. Elle la depèce à terre et l'emporte ensuite pour la dévorer plus à son aise, à l'extrémité des arbres ou des buissons.

Elle construit son nid sur la branche fourchue d'un arbre élevé ; il est ordinairement composé de mousse desséchée, encadrée d'herbes longues et fines, et tapissé à l'intérieur de grossiers débris de laine.

Les œufs, au nombre de quatre à six, affectent bien des formes : les uns sont piriformes, d'autres oblongs ou présentant une très-légère différence dans le diamètre des deux extrémités. Le fond de la coquille est ordinairement d'une couleur fauve ; quelques-uns de ces œufs sont pointillés uniformément de taches d'un gris noir ; d'autres sont parsemés de taches plus épaisses et fondues en quelque sorte avec la nuance de la coquille. Leur longueur varie de 0^m,025 à 0^m,028 et leur diamètre de 0^m,016 à 0^m,019.

PIE-GRIÈCHE A POITRINE ROSE. — LANIUS MINOR.

Les noms de cette pie-grièche, bien plus répandue en Anjou que les précédentes, sont fondés sur la couleur des plumes de sa poitrine et sur la proportion de sa taille inférieure à celle de la *pie-grièche grise*. Très-souvent aussi on l'appelle *pic-grièche d'Italie*, parce qu'elle se tient presque toujours dans les peupliers d'Italie auxquels elle confie ordinairement son nid. Celui-ci est formé de petites racines entrelacées ; l'intérieur est garni de mousse, de laine et quelquefois de plantes odoriférantes. Cette pie-grièche, moins défiante et plus sociable que les précédentes, s'éloigne peu des habitations de l'homme pour construire son nid. Il renferme de cinq à six œufs un peu oblongs, d'un vert clair et blanchâtre, parsemé de larges taches brunes ou de couleur olive. Leur longueur est de 0^m,024 à 0^m,027 et leur diamètre de 0^m,016 à 0^m,017.

PIE-GRIÈCHE ROUSSE. — LANIUS RUTILUS.

Les deux épithètes latine et française font connaître la couleur du plumage de cette espèce, plus petite encore que les précédentes. La *pie-grièche rousse* imite et contrefait, comme toutes ses congénères, le cri ou le chant des oiseaux dans le voisinage desquels elle vit. Elle a même souvent recours à une ruse plus perfide encore : elle fait entendre le cri du père et de la mère afin de surprendre plus facilement les petits qui se réunissent et s'approchent, croyant qu'on leur apporte la becquée. Cette faculté lui fournit un moyen de tendre des piéges, d'attirer, tromper et multiplier ses victimes. Elle justifie encore ainsi la justesse du nom qui a été donné à ces dentirostres. Le nid du *lanius rutilus* est fait avec plus de soin que celui de ses congénères. Formé de petites racines liées entre elles avec art, son intérieur est garni de crins, de laine et de brins d'herbe très-fins. Elle l'établit dans des haies touffues ; souvent aussi je l'ai trouvé dans les osiers, sur les bords de la Loire. Les œufs, au nombre de quatre à six, sont d'un vert très-pâle, presque blanchâtre, parsemé de taches brunes et presque effacées.

La pie-grièche rousse manifeste envers ses petits une tendresse encore plus grande que les autres pies-grièches. La persévérance qu'elle met à couver ses œufs est telle que la femelle se laisse facilement prendre à la main plutôt que d'abandonner son nid. Le grand diamètre de ses œufs varie de 0^m,020 à 0^m,023 et le petit de 0^m,014 à 0^m,016.

PIE-GRIÈCHE ÉCORCHEUR. — LANIUS COLLURIO.

Cette pie-grièche se plait à briser la tête de ses victimes et à les dépouiller lorsque celles-ci sont des petits oiseaux. Cette opération est pour les pies-grièches, non pas un acte de cruauté inutile, mais une nécessité fondée sur leur conformation. Les pies-grièches ne sont pas douées, comme le plus grand nombre des oiseaux carnivores ou piscivores, de la faculté de vomir en pelotte la peau et les os ou les arêtes de leurs victimes. Dès lors, pour rendre la digestion possible, elles prennent la précaution de dépouiller et de préparer leur proie.

Le nom scientifique *collurio* peint d'une manière très-expressive cette habitude. Les Grecs appelaient cette pie-grièche Κολλυρίων, Κορυλλίων, dont la racine est κόρυς, casque et λειόω, broyer. Maintenant encore, on donne aux pies-grièches, et à l'écorcheur surtout, le nom *picquoys*, vieux mot français signifiant *pic*, dont on se servait en guise de hache. Cette dénomination indique que ces oiseaux usent de leur bec comme d'un pic ou d'une hache pour briser la tête de leurs victimes. L'écorcheur est la plus petite des pies-grièches de l'Europe ; il niche dans les buissons épais et touffus et même dans les ajoncs. Son nid, à l'extérieur, est composé comme celui de ses congénères, mais l'intérieur est ordinairement garni de matières plus molles et mieux choisies. Les œufs, au nombre de cinq à six, varient beaucoup de forme et de couleur. Les uns sont ronds, d'autres oblongs, quelques-uns piriformes ; tous portent vers le gros bout une couronne formée de petits points pressés ou de taches rougeâtres assez régulières. La couleur de la coquille est ordinairement d'un blanc roux dont la nuance est plus ou moins foncée. Quelquefois elle a une teinte orange. Elle revêt aussi un brillant que ne présentent pas les œufs des autres espèces de pies-grièches. Ceux de l'écorcheur ont de 0^m,020 à 0^m,024 de longueur et de 0^m,014 à 0^m,016 de diamètre.

DEUXIÈME GENRE.

MERLE. — MERULA TURDUS.

Le mot *merle* désigne un genre assez nombreux. Six espèces de merles habitent ou visitent l'Anjou. Le principe de ce nom est *merula* dont la racine me semble être *merus*, pur, sans taches, et indiquer que le plumage de cet oiseau est d'une seule couleur et sans aucun mélange. *Merus* signifie aussi solitaire et cette dénomination a été donnée au merle *quia vaga et solitaria pascitur*. En effet ces oiseaux ne se réunissent jamais comme les corneilles, les pies, etc., pour chercher leur nourriture ; et, lorsque plusieurs merles se trouvent dans le même champ, chacun d'eux s'éloigne de ses congénères et semble craindre de partager avec les autres la proie qu'il peut découvrir. Cette habitude rentre dans le caractère du merle qui est d'une défiance excessive, ce que l'on est trop souvent porté à admettre pour de la ruse. La base du mot *merle* ne serait-elle pas aussi *merum*, vin pur ; désignation qui représenterait le goût prononcé, que manifeste pour les raisins un certain nombre des oiseaux du genre merle? Et ce qui me paraît encore beaucoup plus évident, *merle* ne dériverait-il pas de *merella, merellum?* En effet, d'après du Cange, « merella vel merellum vinum est tenue, vinum et aquâ mixtum. » Ainsi, en s'appuyant sur de nombreux textes, l'auteur cité précédemment, démontre que le mot *merella* désigne un vin faible, mélangé d'eau, celui que les élèves aiment à appeler *abondance*. La pensée reste la même, et c'est le jus du raisin, et par conséquent le raisin qui aurait fait donner au genre merle, la dénomination sous laquelle il est connu. Quant au substantif ou à l'adjectif *turdus*, c'est le mot primitif employé par les Romains pour désigner d'une manière particulière les grives et dont on a étendu la signification à tous les oiseaux de ce genre. Peut-être pourrait-on en trouver la racine dans les noms des *Turduli* et *Turdetani*, peuples d'Espagne. Ce qui semblerait fortifier cette étymologie, c'est le grand nombre de grives qui se trouvent en Espagne et l'habitude des peuples de cette contrée d'engraisser ces oiseaux pour les manger ou pour les vendre aux Romains : *nam Turdetani et populi sunt qui turdos saginant et vendunt et qui turdorum avidi sunt* (Lexicon Forcellini). Enfin le nom d'*iliacus* donné au *merle mauvis.* parce que ce passereau se trouve en grand nombre aux environs d'Ilion, viendrait encore corroborer mon hypothèse en prouvant qu'on donnait autrefois aux oiseaux le nom du pays qu'ils habitaient.

Du Cange affirme que les plus habiles pêcheurs désignent indifféremment le même poisson, par les mots *turdus* et *merula*. « *Turdus* est species piscis quem peritiores piscatores *merle* vocant, non distinguentes *turdum* a *merulâ*. » Il me paraît donc démontré que *turdus* et *merula* étant synonymes, soit qu'ils déterminent un poisson, soit qu'ils déterminent un oiseau, doivent avoir la même signification, et dès-lors la même origine.

Turdus ne serait-il alors qu'une abréviation de *turgidus* signifiant *enflé, gonflé?* En appliquant cette signification aux résultats du goût pour le vin, pour la gourmandise, le problème serait résolu, et l'on expliquerait facilement les locutions populaires : *soûl comme une grive; gras comme un merlan en octobre.*

MERLE DRAINE. — TURDUS VISCIVORUS.

L'épithète *draine* peut-elle avoir pour racine deux mots grecs : δρῦς, chêne, et αἶνος, voix, d'αὔω, crier, et désigner ainsi une habitude caractéristique de ce merle qui fait entendre un chant dur et sifflé en fuyant d'arbre en arbre? Dériverait-elle de δραίην, optatif aor. 2 de διδράσκω, signifiant avec énergie la vie de la *draine*, vie qui s'écoule dans une fuite incessante accompagnée d'un certain cri d'inquiétude?

Dans le midi de la France, *draie* signifie chemin, et s'*adrayer*, indique l'action d'un homme qui travaille à s'habituer à parcourir rapidement une longue route.

Peut-être à la pensée d'une opération, qui prend depuis quelque temps des proportions colossales en France, serait-il permis de trouver dans le mot *draine* un rapport éloigné avec le *drainage*, dont la racine *to drain* veut dire épuiser, dessécher? Le merle *draine* vit d'insectes et de vers, il aime à chercher ces derniers dans la terre détrempée par la pluie. Quand l'eau est tombée en abondance et qu'elle a pénétré profondément le sol, on aperçoit des troupes de *draines* creusant avec leur bec et leurs pieds de petits sillons. Leur but est de trouver plus facilement les vers et de faciliter ainsi l'écoulement de l'eau qui les gêne dans ce moment, après avoir été cependant la cause de l'abondance de leur récolte.

Le nom de *draine, drenne*, n'est peut-être qu'un mot qui retrace le chant saccadé de cet oiseau, *dre, dre, trre, trre*, qui lui a fait donner les épithètes vulgaires de *traie* et de *criarde*.

L'adjectif *viscivorus* retrace encore une des habitudes de la draine, celle de manger le gui du chêne et des autres arbres (*viscum*, gui, et *vorare*, manger, dévorer).

Cet oiseau fixe ordinairement son nid à la bifurcation des grosses branches des arbres, à une hauteur moyenne. Il paraît rechercher de préférence les arbres fruitiers à tous les autres, probablement parce que l'extérieur de son nid se mariant mieux avec la couleur de ces arbres échappe plus facilement aux yeux de ses ennemis. En effet, ce nid dont les dimensions sont très-grandes et contribuent ainsi à le trahir, est composé à l'extérieur de racines et de petites branches entrelacées, mélangées et revêtues de lichens blancs qui couvrent ordinairement en grande quantité l'écorce des arbres fruitiers. L'intérieur est garni de mousse ou d'herbes et de racines fines. Le nombre des œufs est de quatre à six; ils varient beaucoup de grosseur et de couleur. Le plus souvent le fond de la coquille est d'un roux parsemé de taches d'un violet terne et presque effacé. Quelques-uns revêtent une couleur uniforme et verdâtre et offrent quelque ressemblance avec certains œufs d'étourneau. Leur longueur est de 0^m,025 à 0^m,032 et leur diamètre de 0^m,018 à 0^m,022.

MERLE LITORNE. — TURDUS PILARIS.

Ce merle, plus petit que le précédent, apparaît dans les différentes contrées de l'Europe par bandes nom-

breuses pendant l'automne ou l'hiver et se retire ensuite
au sein des forêts des régions du Nord, dans lesquelles il
se reproduit. Sa chair est jugée bien inférieure à celle
des autres merles ; elle est imprégnée d'une amertume
assez prononcée , provenant selon toute probabilité de
quelques espèces de baies qui composent en partie sa
nourriture. Peut-être trouverait-on dans cette particularité l'étymologie de son nom, λιτός, vil, petit, et ὄρνις,
oiseau, oiseau de peu de valeur.

L'épithète *pilaris* indique que la litorne a autour du
bec des poils plus long que ceux des autres grives. Ce
merle voyage en troupes innombrables et occasionne des
ravages considérables dans les propriétés sur lesquelles
il s'arrête. Il mange avec une avidité et une gourmandise
devenues proverbiales. Pour assouvir son appétit insatiable, il abat encore plus de fruits qu'il· n'en dévore.
Son nom ne dériverait-il pas de *pilo, pilare*, voler, rava-
ger? Dès lors le mot *litorne* ne s'expliquerait-il pas dans
le même sens par antiphrase? car λιτός, signifie aussi
frugal.

Le merle litorne appuie sur les branches ou le tronc
des arbres un nid ayant quelque ressemblance avec celui
de la draine. Les œufs au nombre de quatre à six, sont
le plus souvent d'une couleur verte, parsemés de petits
points roux, bruns ou noirâtres et régulièrement plus
gros et moins pointus que ceux du merle noir. Leur longueur varie de $0^m,025$ à $0^m,030$ et le diamètre de $0^m,018$ à
$0^m,022$.

MERLE GRIVE. — TURDUS MUSICUS.

L'épithète *grive* me semble avoir été donnée à ce
merle parce qu'il aime à fréquenter les vignes, à manger
les raisins, à *se griser*. En effet, le mot *se griser* vient
du mot latin *græcari*, signifiant *faire le grec*, se livrer
à l'*ivrognerie*, à une *gaîté bruyante*, exploiter les autres

en s'emparant avec une adresse plus ou moins grande de ce qui leur appartient, etc. Les mots *grec* et *gris* étaient synonymes dans le moyen âge, comme il est facile de s'en convaincre par ces expressions du vieux roman d'Alexandre : *Il fut bien escouté d'Alixandre et des Gris.* D'où le mot *gris* n'indiquait pas seulement la couleur désignée par ce nom, mais encore une conduite semblable à celle des Grecs, et pour représenter les habitudes de ceux qui se livraient aux excès du vin et à toutes les tristes conséquences de l'ivresse, on pouvait dire indifféremment qu'ils faisaient les *grecs* ou les *gris.* Du mot gris, on a formé, selon Génin, *griu* et le féminin *griue* et enfin *grive.* Villehardouin appelle la Grèce, la Griève.

L'adjectif *grivois* donné aux soldats ou aux personnes qui se livrent à une joie folle, fruit de l'ivresse, vient encore corroborer cette opinion.

L'habitude du merle *grive*, de manger des raisins avec une avidité insatiable, justifierait alors complétement la signification de l'épithète qui lui a été donnée. *Grivelée* signifiait autrefois *petite volerie.* Enfin le proverbe populaire, *soûl comme une grive*, sanctionne encore la justesse de cette étymologie et s'appuie lui-même sur les faits recueillis par les chasseurs. Ceux-ci ont constaté chez les grives une véritable ivresse manifestée dans leur vol et dans l'ensemble de leurs mouvements pendant leur séjour dans les vignes.

Quant à l'épithète *musicus, musicienne*, elle a été donnée au merle grive à cause de son chant, le plus agréable de tous ceux des oiseaux de son genre. Le merle et la grive sont deux des plus délicieux chantres de la campagne. Leur voix pénétrante et fortement accentuée s'étend à plusieurs kilomètres de distance. Les notes de leur chant, ordinairement sur un diapason fort élevé, tranchent par leur intensité sur toutes les autres voix et forment comme la haute-contre du concert harmonieux que les oiseaux nous donnent au printemps en fêtant par un hymne d'amour l'œuvre de la création qui sans cesse se renouvelle.

Cependant la grive a dans ses notes quelque chose de bien supérieur au merle dont le chant est plutôt sifflé que chanté. Le rossignol avec les incroyables ressources de son gosier n'a rien d'aussi sonore que le *zip, zip* ou *trhit, trhit* de la *grive.* Les autres parties du chant de celle-ci ne se reproduisent pas d'une manière régulière, elles paraissent plutôt résulter de l'inspiration du moment. Peut-être pourrait-on admettre l'hypothèse que le nom de *grive* a été donné à cet oiseau par onomatopée et par corruption de son chant *tri-tri,* ou gri-gri. Le merle grive chante principalement lorsque le temps est frais et même froid ; il semblerait que plus la température s'abaisse, plus son gosier acquiert d'élasticité et de puissance. L'air plus dense transmet aussi son chant avec plus de netteté et ce chant est si attrayant que quand une grive se fait entendre on se sent porté à s'arrêter pour en jouir. Ses phrases ne se touchent pas , elles laissent entre chacune d'elles quelques secondes d'intervalle, particularité qui dispose encore à prêter l'oreille avec plus d'attention.

Le merle grive niche dans notre département et établit son nid dans les taillis, les buissons épais ou sur les arbres peu élevés. Presque chaque année plusieurs couples se reproduisent dans les taillis appartenant à M. de Boguais et situés derrière la chapelle des Martys : c'est là qu'on peut facilement étudier les mœurs de cette grive et jouir de la beauté de son chant. Le nid de cet oiseau est composé de terre gâchée ; à l'extérieur il est revêtu de mousse et d'herbes fines. Les œufs au nombre de quatre à six reposent sur la terre nue ; ils sont d'une belle couleur bleu de ciel, avec des taches rondes d'un noir foncé, plus ou moins grosses, répandues sur toute la coquille et formant quelquefois une couronne vers le gros bout. Ces œufs sont ordinairement beaucoup plus ronds que ceux des autres oiseaux de ce genre ; ils ont de $0^m,025$ à $0^m,028$ de longueur et de $0^m,019$ à $0^m,022$ de diamètre.

MERLE MAUVIS. — TURDUS ILIACUS.

Le nom scientifique *iliacus* indique que ce merle venait des côtes d'Asie, des environs d'Ilion où il séjournait en si grand nombre qu'il semblait en quelque sorte y avoir acquis le droit de cité (*Iliacus*). Quant au mot *mauvis*, il dérive de *mala, avis*, et signifie *oiseau malfaisant*, désignation justifiée par les ravages qu'il exerce dans les vignes où il s'arrête pour assouvir sa faim insatiable. Du Cange traduit *mauvis* par *malvitius*, et Génin l'interprète par le mot français *malvis*, mauvais visage. La pensée resterait la même, car ce mot indiquerait que le *mauvis* est semblable à ces êtres d'un visage sinistre, que l'on craint de voir à cause de leurs nombreux méfaits.

Le merle mauvis établit son nid dans les buissons. Ses œufs, au nombre de quatre à six, sont d'un bleu verdâtre, parsemés de petits points noirs. Leur coquille est généralement plus luisante que celle des autres merles. Ces œufs dont le grand diamètre est de $0^m,023$ et le petit de $6^m,018$, sont déposés dans un nid façonné avec des herbes grossières et de la mousse.

Le mauvis niche en grande quantité aux environs de Dantzig ; presque partout ailleurs, il ne fait que passer sans se reproduire.

MERLE A PLASTRON. — TURDUS TORQUATUS.

Les noms français et latin donnés à ce merle ont le même sens et sont fondés sur le plastron blanc qui décore sa poitrine. Ce plastron est plus ou moins prononcé selon l'âge de l'oiseau ; il est toujours moins étendu chez la femelle que chez le mâle. Chaque année le merle à plastron visite notre département et un certain nombre de couples s'y arrêtent pour nicher. Placé à une petite élévation de terre, au milieu ou au pied des buissons, le long du tronc des arbres, le nid est formé de feuilles sèches, de racines et de mousse liées ensemble par de la terre argileuse. L'intérieur est garni de mousse ou de foin. Les œufs d'un vert bleu sont parsemés de taches d'un brun rougeâtre, formant quelquefois une couronne vers le gros bout. Les taches sont régulièrement moins nombreuses, mais plus longues que celles des œufs du merle noir. Ils ont beaucoup de ressemblance avec quelques variétés de ces derniers, cependant leurs dimensions sont presque toujours plus fortes. Ils pourraient aussi se confondre avec de gros œufs oblongs du merle draine. Leur longueur varie de $0^m,026$ à $0^m,030$ et leur diamètre de $0^m,019$ à $0^m,022$.

MERLE NOIR. — TURDUS MERULA.

Les épithètes données à ce merle s'expliquent d'elles-mêmes et sont fondées sur son plumage sans mélange et plus noir encore que celui du corbeau. Le merle noir, le plus commun des oiseaux de ce genre, est sédentaire en Anjou. Il établit son nid tantôt à terre, sur les talus des fossés, habitude qui lui a fait donner le nom de merle terrier ; tantôt au pied des buissons épais, sur la tête des arbres émondés, le long des vieilles souches entourées de lierre. Ces nids, dont quelques-uns sont bien façonnés, présentent des dimensions assez considérables ; ils sont composés de racines, de feuilles desséchées, de mousse, de foin, et revêtus quelquefois à l'extérieur de terre argileuse. Les œufs, au nombre de quatre à six, présentent un grand nombre de variétés bien différentes les unes des autres. Quelques-uns sont ronds, d'autres oblongs, piriformes, etc. Leur couleur se nuance du vert très foncé au jaune d'ocre. Tous sont pointillés de brun clair ou jaunâtre. Quelquefois les points sont si petits et si multipliés qu'ils semblent composer le fond de la coquille ou forment une seconde couche qui couvre la première. Enfin quelques-uns présentent une couronne vers le gros bout ou une large tache en forme de calotte. Leur grand diamètre est de $0^m,025$ à $0^m,032$ et le petit de $0^m,016$ à $0^m,022$.

Le merle noir a une antipathie extrême pour le renard, c'est lui qui souvent du haut des arbres indique aux chasseurs la retraite de cet animal et l'accompagne et le poursuit de ses cris, pendant plus d'un kilomètre de distance. Il annonce de même l'approche de l'oiseau de proie. La chair du merle est bien moins recherchée que celle de la grive. Cependant le merle à plastron tué pendant les vendanges, fournit un mets qui le cède à peine à la caille. Dans le midi de la France les merles de la Corse, à cause des baies odoriférantes dont ils se nourrissent, sont très estimés des gastronomes.

TROISIÈME GENRE.

LE GRAND-JASEUR DE BOHÈME. — BOMBYCILLA GARRULA.

Le *grand-jaseur* doit son nom au gazouillement qu'il se plaît à faire entendre et qui le distingue des oiseaux qui chantent ou qui parlent. L'adjectif *grand* sert à le séparer du jaseur d'Amérique, auquel il ressemble sous plusieurs rapports, mais dont il s'éloigne par des proportions plus grandes. Errant et vagabond, cet oiseau n'a pas de patrie connue; comme les bohémiens il semble suivre dans ses migrations continuelles plutôt un caprice qu'un besoin. Partout on le trouve, et toujours de pas-

sage. A certaines époques il apparaît par bandes nombreuses dans quelques contrées pour ne plus revenir qu'à
des époques éloignées et irrégulières.

Le grand-jaseur n'habite pas la Bohême, il ne vient
dans cette province que d'une manière accidentelle, et le
nom de *bohême* n'a été ajouté au sien que parce que les
Autrichiens, en voyant autrefois des bandes innombrables
de jaseurs s'abattre sur leur pays du côté des frontières de
cette province, avaient pensé que la Bohême était la véritable patrie du *bombycilla*. Cette explication fondée sur
la désignation *originaire de Bohême* n'est pas la véritable. L'épithète *bohemicus*, *bohême*, *bohémien*, rend
d'une manière plus exacte, plus dramatique, les habitudes de cet oiseau. Le jaseur est, dans toute la force du
terme, un vrai bohême. Cette opinion indique immédiatement que dans ses habitudes il y a quelque chose
d'extraordinaire, de désordonné, de vagabond. C'est pour
cela qu'il ne porte ni le nom de *migratorius*, ni celui de
viator, ni celui de *peregrinus*, mais celui de *bohemicus*.
En effet, les premiers adjectifs indiquent aussi l'idée d'un
voyage, mais d'un voyage déterminé, à heure fixe, accompli après des préparatifs sérieux et avec des ressources
convenables ; mais il n'en est pas ainsi des migrations du
jaseur. Elles sont essentiellement baroques, éventuelles,
incertaines ; elles représentent un voyage en zigzag, sans
but, sans raison plausible, et ne pouvant mieux être mis
en relief que par ce mot *bohême*. Cet adjectif convient
encore parfaitement au costume et à la livrée de l'oiseau.
C'est par le fait un plumage très-original, orné de galons
d'or sur les ailes et la queue, terne et sans éclat sur le
reste du corps. Sa huppe, qu'il relève assez souvent d'une
manière grotesque, ressemble au diadème d'un roi de
théâtre. Le mot *bohême* convient au jaseur sous le rapport de son plumage, qui en fait un véritable histrion,
et l'assimile à ces bouffons, à ces baladins, dont le

costume est un mélange disparate de soie et de bure.

Le mot *garrula* signifie *jaseur* et l'adjectif *bombycivora* (de *bombyx*, *bombycis*, ver à soie, et *vorare*, dévorer) indique que les vers à soie sont recherchés par cet oiseau. Peut-être trouverait-on dans ce goût particulier un motif des migrations incessantes du grand-jaseur.

Cet oiseau est aussi très-souvent désigné par le mot *bombycilla*, dont l'étymologie me paraît être *bombyx*, soie et *cilium*, cil. Alors cette épithète indique une particularité propre au grand-jaseur dont les narines sont cachées sous de petites plumes soyeuses dirigées en avant. Ces plumes se relèvent en forme de panache et viennent ombrager ses yeux.

Jusqu'à ce moment-ci (août 1858) les ornithologistes français n'avaient sur le lieu, le temps et le mode de nidification du grand-jaseur que des renseignements faux ou très-incomplets. Un naturaliste de l'Allemagne, M. Henr.-Ferd. Moeschler, que j'avais prié de vouloir bien faire exécuter des recherches sur cette question, par ses correspondants du nord de l'Europe, vient de m'adresser six œufs du grand-jaseur, et quelques détails obtenus après plusieurs années d'investigations incessantes et pénibles. Grâce à la persévérance et à la bienveillance de mon correspondant et ami, je puis donner sur le nid et les œufs du bombycilla garrula des notions détaillées et précises.

Le grand-jaseur se réunit en troupes assez considérables dans la Laponie, vers la fin du printemps. Dès le commencement de juin, le mâle et la femelle travaillent à la construction du nid. Ils choisissent de préférence les pins, les sapins et les bouleaux les plus élevés. Ce nid est appuyé ordinairement à la bifurcation de plusieurs branches. Le diamètre est d'environ 0^m,14 et l'épaisseur des bords de 0^m,03. La base ainsi que la partie extérieure sont composées de petites branches sèches de sapin ou d'autres arbres des régions boréales. Les vides entre ces branches sont remplis par des mousses telles que le *bryum* et l'*hypnum*, ainsi que par les feuilles aciculaires des pins et les flocons du coton des arbres. La coupe du nid a $0^m,03$ de profondeur ; elle est formée presque exclusivement de filaments très-déliés de l'*usnée barbue* ou *chevelue* (*usnea barbata*), espèce de lichen qui croît ordinairement sur le tronc des vieux arbres et pend en masses filamenteuses plus ou moins longues et plus ou moins touffues. L'intérieur est garni de tiges fines de *gramen* mêlés à des plumes de lagopède, ou à celles du grand-jaseur lui-même. Par sa forme et les matières qui le composent, ce nid se rapproche de celui du casse-noix. La ponte a lieu ordinairement vers la fin de juin ; elle varie de quatre à six œufs. Ceux-ci ont de $0^m,022$ à $0^m,024$ de longueur, et de $0^m,016$ à $0^m,018$ de diamètre. Le fond de la coquille est d'un blanc bleuâtre ou d'un gris perle pâle, moucheté de taches rondes ou un peu oblongues d'un noir assez foncé, surtout vers le centre, ou enfin d'un bleu gris pâle. Ces taches sont répandues régulièrement sur toute l'étendue de la coquille. Quelques-unes, ayant les mêmes formes mais une couleur plus pâle que les premières, semblent presque effacées ou fondues dans la teinte primitive de l'œuf. Elles représentent en quelque sorte une seconde couche plus foncée, mais incomplète et ne couvrant qu'irrégulièrement une partie de la coquille. Les œufs du grand-jaseur affectent une forme assez allongée et un peu piriforme. Moins gros et moins ventrus que les œufs du gros-bec ordinaire (*Fringilla coccothraustes*) et d'une teinte plus vive, ils en diffèrent encore par leurs taches petites et presque rondes, tandis que celles des œufs du gros-bec sont formées assez ordinairement de larges points étendus en zigzag.

QUATRIÈME GENRE.

LE LORIOT. — ORIOLUS GALBULA.

Le loriot est un des oiseaux les plus beaux qui visitent notre continent. Il habite le nord de l'Afrique et chaque année il se répand dans les contrées méridionales de l'Europe pour s'y reproduire. Le loriot doit, selon quelques auteurs, son nom à son cri : *ouriou, ouriou,* que l'on traduit trop facilement par celui de *louriou, louriot, loriot.* Cependant la véritable étymologie de ce nom me semble se trouver dans son nom latin *oriolus,* dérivé du grec χλωρός, dont la racine χλωρίων, signifie *jaune,* et désigne la belle couleur de la plus grande partie du plumage du mâle adulte. Scaliger le dérive d'*aureolus,* allongement d'*aureus.* Quant à l'épithète *galbula, verdâtre,* elle peint la couleur de la femelle et celle des petits, car par une coïncidence touchante, les petits dans presque toutes les espèces, ressemblent par leur plumage, avant la mue, à celle dont la sollicitude veille avec tant d'empressement sur les premiers instants de leur vie.

Le loriot choisit la bifurcation de petites branches, à l'extrémité des arbres les plus élevés, pour y établir son nid. Celui-ci est composé de brins de foin, de paille, artistement entrelacés ; il est assujetti aux deux branches par des galons, des fils, des rubans, des filaments de chanvre, des chaînes de montre, des lacets recueillis sur les grandes routes. Ces tissus s'enroulent plusieurs fois autour des branches et pénètrent dans le nid en liant fortement les différentes parties entre elles. L'intérieur est garni de laine, de crin, du duvet des fleurs et même quelquefois de papier fin. Ce nid présente un gracieux tableau, quand, semblable à un hamac, il subit les ondulations du vent, pendant que la femelle couve ses œufs et que le mâle, dont la couleur jaune contraste avec la verdure du feuillage, se tient perché sur une branche voisine et varie de la manière la plus douce possible son chant sifflé. Les œufs, au nombre de quatre à six, sont d'un blanc brillant, parsemé de taches noires et d'un brun rougeâtre. Lorsqu'ils sont nouvellement pondus, la coquille paraît transparente et d'une belle couleur rose. Leur grand diamètre varie de 0^m,027 à 0^m,030 et le petit de 0^m,018 à 0^m,022.

Le loriot arrive très-tard en Anjou, vers le mois d'avril, et repart dans les derniers jours d'août. Il ne séjourne dans notre pays que pendant la saison des ce-rises qui composent presque exclusivement sa nourriture. Les gens de la campagne prétendent que dans son chant il répète ces paroles : « Je suis le compère *Loriot*, qui mange les cerises et laisse les *noyaux*. »

Martial dit que cet oiseau, d'un caractère ordinairement très-défiant, se laisse prendre aux filets à l'époque où le raisin commence à mûrir :

> Galbula decipitur calamis et retibus ales,
> Turgit adhuc viridi quum rudis uva mero.

Le loriot se prend aux gluaux et aux filets alors que commence à grossir le raisin encore vert.　　　　(MARTIAL, liv. XII, *Epig*. 58.)

CINQUIÈME GENRE. — LES TRAQUETS.

LE TRAQUET MOTTEUX. — SAXICOLA ŒNANTHE.

Le genre *traquet* comprend des oiseaux brillants de couleurs et remarquables par la grâce et la rapidité de leurs mouvements. Quatre espèces visitent l'Anjou et trois s'y reproduisent. Ces oiseaux doivent leur nom français au mouvement continuel de leurs ailes et de leur queue, qui les a fait comparer au *traquet* des moulins que le vent, la vapeur ou l'eau agitent d'une manière incessante.

L'épithète *motteux* retrace l'histoire entière du traquet désigné par ce nom. Il se tient en effet dans les terrains dont les sillons n'ont pas encore reçu la dernière façon, cherche les petits insectes qui s'y réfugient, voltige de *motte* en *motte*, et tour à tour paraît sur leur point culminant ou se dérobe à la vue du chasseur en se cachant derrière leur épaisseur. C'est encore sous les mottes qu'il niche et élève ses petits. Le mot *saxicola* fait connaître les lieux que les traquets fréquentent; il dérive de *saxum*, rocher, et *colo*, habiter, et signifie dès lors oiseau qui aime, recherche et habite les rochers.

L'adjectif *œnanthe* vient compléter encore ces renseignements précis et y ajouter un caractère nouveau, οἴνη, *vigne*, et ἄνθος, *fleur*. Les traquets, par leurs mouvements gracieux et rapides, par la beauté de leur plumage, embellissent et vivifient les vignobles dont la culture et l'aspect sont ordinairement plus sombres et moins animés que ceux des terres ensemencées.

Le traquet motteux se pratique un trou sous les mottes ou les pierres; là, il réunit des débris de paille, de mousse, de crin, y mêle quelques plumes et pond quatre ou cinq œufs un peu obtus, d'un bleu pâle et régulièrement sans aucune tache. Grand diamètre de 0^m,018 à 0^m,022, petit de 0^m,012 à 0^m,015.

TRAQUET TARIER. — SAXICOLA RUBETRA.

Ce traquet se montre dans toutes les contrées tempérées de l'Europe; il aime les prairies, les bords des cours d'eau, des marais, recherche aussi les terrains incultes, les landes, etc.; on le voit à chaque instant à l'extrémité des bruyères ou des herbes les plus élevées, toujours en mouvement, agitant les ailes et la queue comme s'il devait reprendre immédiatement son vol. Ce balancement me semble cependant plutôt être commandé par la nécessité et destiné à fournir au tarier un moyen de se maintenir en équilibre dans une position très-difficile.

Ce charmant petit oiseau doit probablement son nom de *tarier* à son habitude de nicher à terre, habitude qui l'a fait nommer aussi *terrasson*. Peut-être pourrait-on, en admettant le mot dans toute son acception, en fonder l'explication sur l'extrême facilité de cet oiseau à pénétrer dans les herbes touffues, pour s'y soustraire aux regards de ses ennemis et y trouver sa nourriture, avec la même promptitude que la *tarière* pénètre partout.

Le nom scientifique *rubetra* signifie, d'après quelques naturalistes, *oiseau rougeâtre* et s'expliquerait par le rouge bai de la poitrine du tarier. Mais je pense que la racine véritable pourrait bien être *rubus*, buisson, ronces, mûres, et que dès lors ce nom indiquerait que le tarier se plaît dans les ronces et qu'il aime les mûres. Cette étymologie se trouve fortifiée par le nom grec βατίς, appliqué au tarier et qui dérive lui-même de βάτος, signifiant *ronce*, *mûre*. Quant à la terminaison *tra*, ne pourrait-elle pas venir de *tero*, piller, broyer, se frayer un passage? Dès lors cet adjectif se traduirait ainsi : oiseau qui pille, qui mange les mûres, ou qui, comme une tarière, se fait un passage au milieu des ronces. Virgile a dit : *Terere iter*, se frayer un chemin. Cette dernière explication viendrait fortifier celle que j'avais précédemment énoncée.

Le tarier fait le plus souvent son nid dans les prairies. Il le construit très-simplement au pied d'une touffe épaisse d'herbe ; l'extérieur est composé de quelques brins de foin desséchés ; l'intérieur est garni de laine, d'aigrettes de chardon et de duvet des plantes. La femelle y dépose quatre ou cinq œufs d'un bleu vert très-

prononcé, parsemé de points d'un brun roux plus ou
moins foncé et répandus surtout vers le gros bout ; quelques-uns de ces œufs ne portent aucune tache ; les uns
sont entièrement ronds, les autres oblongs. Leur grand
diamètre est de 0^m,016 à 0^m,018, et le petit de 0^m,012 à
0^m,014.

TRAQUET PATRE. — SAXICOLA RUBICOLA.

Le *traquet pâtre* est le véritable ornement des pays
qu'il habite ; il y répand la vie par ses courses incessantes et la grâce de ses mouvements. Toujours agité,
il s'élève par petites secousses et retombe en tournant sur lui-même, justifiant ainsi à chaque instant son
nom de *traquet*. Ce saxicole aime les terrains arides, les
landes, les bruyères, les contrées solitaires et sauvages ;
là, il devient le compagnon assidu du berger. Il égaie
le jeune pâtre dans ses longues heures de solitude et
d'ennui, par son cri et par la légèreté avec laquelle il
aime à se reposer et à se balancer sur les tiges les plus
élevées, les plus isolées et les plus flexibles des buissons
ou des herbes. Par une heureuse pensée, pour l'identifier davantage encore au jeune pâtre dont il est le
compagnon et l'ami assidu, on les a désignés tous les
deux par le même nom. Souvent le traquet pâtre se plaît
à suivre la charrue qui trace les sillons, à saisir les petits
vers que le soc amène à la surface. Quelquefois même il
se pose sur la bêche du travailleur pour s'emparer des
insectes qui s'y sont attachés.

L'épithète *rubicola* dérive de *rubus*, mûre, et *colo*, habiter, et indique que le traquet pâtre recherche les
ronces et les buissons.

Peut-être l'étymologie la plus vraie serait-elle *rubus,
rubi,* et *color*, oiseau couleur de mûre, de couleur noire ;
elle serait alors fondée sur les nuances du plumage de ce

traquet, qui le font désigner partout sous le nom de *petit charbonnier*.

Le pâtre chasse les mouches et les insectes au vol ; à terre, il poursuit les sauterelles avec une grande agilité.

Le nid du rubicole, placé à terre, dans les champs en friche ou au pied d'un buisson, et souvent sur les bords des fossés le long des routes solitaires, est composé, en dehors, de foin, de filaments d'herbes sèches, et garni en dedans, de crin, de laine, de plumes. Je l'ai trouvé fréquemment sur les talus des fossés profonds qui serpentent dans les vastes landes de Bécon. Revêtant la forme d'une petite coupe aplatie, ce nid se confond par ses nuances avec la couleur du terrain auquel il est confié. Dissimulé dans une excavation dont il ne dépasse pas les bords, il est le plus souvent abrité par une touffe d'herbe ou par un petit arbuste qui en protége l'ouverture, tout en la dérobant à la vue, à l'action du soleil et aux inconvénients de la pluie. Il contient quatre ou cinq œufs d'un vert très-pâle et un peu gris, parsemé de petits points roussâtres formant assez souvent une couronne vers le gros bout. Le coucou y dépose fréquemment un œuf.

Le grand diamètre varie de $0^m,014$ à $0^m,016$, et le petit de $0^m,012$ à $0^m,014$.

TRAQUET OREILLARD. — SAXICOLA AURITA.

Chaque année ce *traquet* passe en Anjou pour se rendre dans les contrées où il doit se reproduire. Ce saxicole offre deux races très-distinctes dont l'une est beaucoup plus grosse que l'autre. Il doit son nom d'*oreillard, auritus*, à la bande noire qui de chaque côté du bec s'étend derrière les oreilles en passant sous les yeux. Il aime les contrées chaudes et recherche, de préférence à tous les autres lieux, les collines, les montagnes les plus élevées et les terrains arides.

L'*oreillard* niche à terre sous des mottes, des pierres ou dans les trous des vieux murs situés près de terre. Son nid, façonné sans beaucoup de soin, est composé à l'extérieur de foin, d'herbe fine, et à l'intérieur de laine, de mousse et de plumes. Les œufs dont le nombre varie de quatre à cinq, sont d'un bleu verdâtre pointillé surtout vers le gros bout de petites taches d'un noir rougeâtre formant une couronne. Leur grand diamètre est de $0^m,018$ à $0^m,020$ et le petit de $0^m,014$ à $0^m,016$.

La chair des traquets, comme celle de tous les oiseaux à pieds noirs, est très-recherchée par les gastronomes.

SIXIÈME GENRE.

LES FAUVETTES.

Les *Fauvettes* forment un genre très-nombreux. Dix-neuf espèces habitent ou visitent chaque année notre département. Vives, agiles, gracieuses, elles embellissent de leur présence et charment par leur chant les taillis, les buissons, les vergers, les bords des rivières et les roseaux des marais. Aucun site ne leur est étranger, aucune localité n'est privée du plaisir de les voir et de les entendre. Les unes semblent avoir pour tâche de distraire dans leurs travaux les bergers et les moissonneurs; d'autres, de charmer les pêcheurs et d'animer par leur chant et la rapidité de leurs mouvements les bords isolés et solitaires des rivières. Quelques-unes s'associent aux travaux des bûcherons, et ne les abandonnent pas même pendant les journées sombres et froides de l'hiver. Quand toute la nature semble morte ou endormie, les fauvettes viennent apporter à ces travailleurs l'image du mouvement, de l'espérance et de la vie. Dieu, qui a été si généreux dans les avantages variés qu'il a prodigués à ces chantres de

nos bois et de nos campagnes, paraît avoir oublié de
parer leur plumage. Il est obscur et terne, et je pense
que c'est à cette couleur sombre qu'ils doivent le nom de
fauvettes. Belon le fait dériver de *fovea*, petite fosse,
parce qu'il prétend que cette dénomination vient de leur
habitude d'entrer dans les *fossettes* et les murailles. Cette
étymologie, qui me paraît fausse, n'a pas même l'avantage de s'appuyer sur les mœurs des fauvettes. A l'exception d'une ou deux espèces, toutes les autres nichent à
ciel ouvert, et aucune ne passe sa vie dans les trous des
murailles, pas même pour y chercher sa nourriture ou
son repos.

FAUVETTE ROUSSEROLE. — SYLVIA TURDOÏDES.

Cette fauvette, la plus grande de toutes celles qui sont
connues en Europe, doit son nom au brun roux et uniforme qui couvre sa queue et toutes les parties supérieures du corps. Les deux épithètes latine et française,
turdoïdes et *turdoïde*, indiquent que la rousserole ressemble à la grive (*turdus*, grive, et εἶδος, ressemblance).
Cette expression est peut-être simplement un diminutif
de *turdus*, et signifierait alors *petite grive*. Ce qui forti-
fierait cette dernière opinion, c'est que la rousserole a été
classée pendant très-longtemps parmi les *grives*.

Le nom générique de *sylvia*, que l'on a donné à toutes
les fauvettes, vient certainement, par l'intermédiaire
de *sylva*, de ξύλον, dérivé lui-même de ὕλη, bois, broussailles, taillis, et indique ainsi une partie des lieux que
ces passereaux habitent.

La rousserole, vient chaque année dans nos contrées,
en très-grand nombre, animer les bords des rivières ou
des marais plantés de roseaux. Elle grimpe avec rapidité
et avec grâce le long des tiges des joncs, pour y saisir les
insectes. Elle poursuit aussi au vol les libellules qu'elle

aperçoit. Son cri saccadé, *cara*, *cra*, *cara*, auquel elle doit son nom vulgaire, trahit souvent sa présence. Cependant, malgré cette indication précise, la rousserole est difficile à découvrir à cause de son habileté à se cacher et à se glisser derrière les roseaux et les herbes épaisses auxquelles elle reste suspendue très-facilement. Pour composer son nid, elle choisit quatre ou cinq roseaux assez rapprochés, les unit par des filaments de plantes aquatiques, qu'elle enroule bien des fois autour des joncs pour former une espèce de bourse grossière. Ce nid a quelquefois une hauteur de près de deux décimètres, et semble avoir été ainsi fabriqué pour arracher aux dangers de l'inondation les œufs ou les petits de la fauvette. Il ressemble alors à plusieurs nids superposés. L'intérieur est garni de débris fins et déliés de feuilles de roseaux ; il contient ordinairement quatre ou cinq œufs dont le fond blanc verdâtre ou bleuâtre est parsemé de points ou de taches noires ou brunes qui forment quelquefois une couronne vers le gros bout. Ces œufs sont un peu piriformes et le plus grand nombre sont oblongs ; plusieurs seraient confondus facilement avec des œufs de moineau, dont ils ne diffèrent souvent que par leurs taches plus larges et une couleur plus foncée et plus bleuâtre. Leur grand diamètre varie de $0^m,020$ à $0^m,023$, et le petit de $0^m,017$ à $0^m,019$.

La fauvette rousserole est nommée par les gens de la campagne, *paisse des marais*, parce que par la couleur de son plumage elle ressemble entièrement au moineau. Dans leur langage expressif, ils l'appellent encore la **racasse** à cause de son chant rauque et assourdissant *cra, cra, cara, cara* que cette fauvette fait entendre le jour et même pendant la nuit. C'est ce chant qui indique très-souvent l'endroit où se trouve le nid de la rousserole. Un jour que de concert avec M. Aristide Olivier, je visitais en bateau les différentes parties de la Fosse-de-Sorges,

notre attention fut éveillée par le chant d'une rousserole;
plus saccadé encore et plus fatigant que celui de ses
congénères, il révélait une préoccupation très-vive. Nous
nous dirigeâmes vers l'endroit d'où elle faisait entendre
ses cris, et nous trouvâmes un nid contenant cinq œufs ;
soutenu par quelques joncs auxquels il était assujéti, il
se trouvait à trois décimètres au-dessus de l'eau. En nous
approchant pour l'examiner en détail, nous fûmes très-
étonnés d'en trouver un second lié aux mêmes roseaux et
plongeant à deux décimètres environ dans l'eau. Il renfermait quatre œufs. Une crue subite l'avait submergé et la
pauvre mère, ne voulant pas abandonner entièrement
l'espoir de sa jeune famille, avait construit un second nid
au-dessus du premier pour veiller sur les deux en même
temps. C'était la crainte d'un deuxième malheur que lui
faisait redouter notre présence, qui donnait à son chant
cette expression saisissante de mélancolie et d'angoisse.

FAUVETTE EFFARVATE. — SYLVIA ARUNDINACEA.

Cette fauvette, une des plus babillardes et des plus
agiles de l'Europe, a un caractère peu sociable. Elle
éloigne du lieu qu'elle a choisi pour nicher non-seulement les oiseaux étrangers à son espèce, mais encore ses
congénères. Elle semble avoir recours à un bruit assourdissant pour arriver à ses fins. L'effarvate grimpe sans
cesse avec une grande agilité le long des roseaux pour y
saisir les insectes qui y adhèrent ; elle redescend, remonte avec une grâce et une rapidité remarquables,
s'arrête à l'extrémité des tiges, y reste un instant en
observation, puis s'élance avec la vitesse de l'éclair pour
saisir au vol un insecte ou une libellule, et continuer
ensuite le même exercice. Tous ses mouvements ont dans
leur rapidité une apparence d'irritation et de colère.
Dès-lors, son nom *effarvate* ou *effervete* pourrait dériver

de *efferveo*, signifiant s'échauffer, s'animer. Quant à l'épithète *arundinacea*, de *roseaux*, elle indique les lieux dans lesquels cette fauvette vit et se reproduit.

L'effarvate, comme la rousserole, établit son nid dans les roseaux qu'elle réunit au moyen de filaments de plantes aquatiques. Ce nid est construit avec plus de soin que celui de sa congénère ; l'extérieur est composé d'herbes et de feuilles entrelacées, et l'intérieur est garni de plusieurs couches de pelures sèches de roseaux très-fines, très-déliées et très-molles. Il ressemble exactement, pour la forme, à ces petits paniers d'osier qui servent, en Anjou, à faire les crémets.

Les œufs au nombre de quatre ou cinq, varient beaucoup dans leur couleur. Les uns sont d'un vert brun uniforme ou parsemés de taches d'une nuance plus foncée qui s'harmonisent avec la première teinte. Le plus souvent le fond de la coquille est d'un blanc sale ou verdâtre sur lequel se trouvent des taches brunes plus ou moins nombreuses et parsemées irrégulièrement. Les œufs se rapprochent, par leur couleur, de quelques-uns de ceux de la rousserole, dont l'effarvate n'est en quelque sorte qu'une variété plus petite.

Quand les eaux s'élèvent à une certaine hauteur, et que l'effarvate craint de voir sa jeune famille submergée, elle abandonne les roseaux et établit son nid dans les haies voisines des rivières ou des marais, et le pose à la bifurcation de plusieurs petites branches qu'elle unit de la même manière que les roseaux. J'ai trouvé de jolis nids d'effarvate non loin de l'étang Saint-Nicolas; ils étaient fixés à de petites branches d'aubépine.

Cette fauvette niche aussi assez souvent parmi les grandes herbes qui croissent dans les îles et sur les bords de la Loire.

Le grand diamètre des œufs est de $0^m,016$ à $0^m,018$, et le petit de $0^m,014$ à $0^m,017$.

FAUVETTE VERDEROLLE. — SYLVIA PALUSTRIS.

La *verderolle* se rapproche beaucoup de l'effarvate, mais elle s'en éloigne cependant par ses pieds verdâtres et par les parties supérieures de son plumage légèrement nuancées de la même couleur. C'est ce qui la distingue des autres fauvettes et lui a fait donner le nom qu'elle porte.

Le véritable chant de la verderolle est aussi très-différent de celui de l'effarvate. Cependant, elle contrefait assez souvent la voix de sa congénère, ainsi que celle du traquet motteux et des autres oiseaux près desquels elle séjourne.

L'épithète *palustris* indique que ce passereau aime et habite les marais. Cette fauvette niche, ainsi que les précédentes, dans notre département, mais en plus petit nombre. Son nid sphérique est placé près de terre, dans les herbes élevées et les lieux humides. Formé à l'extérieur de tiges d'herbes fines et desséchées, il est garni en dedans de crin, de filaments très-déliés et de duvets de plantes. Il contient de quatre à six œufs d'un gris cendré parsemé de taches brunes un peu verdâtres, avec d'autres qui ne diffèrent de la couleur de la coquille que par une nuance plus foncée.

Leur longueur est de $0^m,018$ à $0^m,020$, et leur diamètre de $0^m,012$ à $0^m,014$.

FAUVETTE PHRAGMITE. — SYLVIA PHRAGMITIS.

Cette fauvette ressemble à la suivante par sa taille, ses habitudes et même son plumage. Elle en diffère par sa gorge, qui est presque blanche, et par ses flancs qui ne portent aucune tache. On la distingue assez facilement de sa congénère par les nuances de l'ensemble de son plumage qui est plus sombre et beaucoup moins jaune.

Les deux noms de cet oiseau ont la même signification et viennent de φραγμίτης, signifiant oiseau qui vit dans les haies, les roseaux, etc., dénomination qui n'ajoute rien de spécial au nom de cette fauvette et qui pourrait convenir à beaucoup d'autres.

La phragmite se reproduit en Anjou. Son nid a la forme d'un petit panier; il est souvent fixé à quelques roseaux et le plus souvent à des tiges d'herbe ou même de blé, surtout quand l'inondation éloigne cette fauvette des bords des rivières. Ce nid est composé de brins d'herbes souples et déliés entrelacés avec art; l'intérieur est matelassé avec les mêmes éléments, mais plus fins et plus mous. La femelle y pond quatre ou cinq œufs d'un jaune pâle et uniforme. Quelques-uns cependant sont d'un jaune verdâtre et revêtu d'une seconde couche non régulière et plus nuancée que la première qu'elle laisse entrevoir. Quelquefois aussi on remarque vers le gros bout un ou deux filets noirs très-déliés et serpentant en zig-zag.

Le grand diamètre est de $0^m,016$ à $0^m,018$, et le petit de $0^m,012$ à $0^m,014$.

FAUVETTE AQUATIQUE. — SYLVIA AQUATICA.

L'*aquatique* aime les lieux marécageux et humides; elle vit sur les bords des eaux, auxquelles elle doit son nom. Sa nourriture consiste en vers, en petits limaçons, en insectes qu'elle saisit à terre ou en grimpant en travers, le long des osiers et des tiges d'herbe qu'elle fouille en tous sens. Elle redescend la tête en bas et remonte aussitôt pour redescendre encore, rappelant par ses habitudes et par la rapidité de ses mouvements sur les bords des rivières, la vie active des mésanges dans les vergers. L'aquatique se distingue de la phragmite spécialement par la bande d'un blanc roux qui sillonne sa tête et par les taches de même couleur répandues au centre des plumes qui garnissent les flancs et la poitrine.

L'aquatique fait un nid semblable à celui de la phragmite. L'intérieur est peut-être composé de matières plus molles et plus délicates. Il renferme quatre ou cinq œufs d'un gris verdâtre avec de très-petits points olivâtres ; ils ressemblent à quelques variétés de la fauvette grisette, mais ils sont beaucoup plus petits ; quelques-uns se rapprochent aussi pour la couleur et les taches, de certains œufs de la bergeronnette printanière. Les marchands ont abusé de ces ressemblances, et le plus grand nombre des œufs vendus par eux sous le nom de la fauvette aquatique, n'appartiennent pas à cette espèce.

Le grand diamètre est de 0ᵐ,016 à 0ᵐ,017, et le petit de 0ᵐ,011 à 0ᵐ,013.

FAUVETTE LOCUSTELLE. — SYLVIA LOCUSTELLA.

La *locustelle* est beaucoup plus commune en Anjou et dans les autres départements qu'on ne le pense ordinairement. Les habitudes de cette fauvette servent à la dérober aux recherches des chasseurs et de ses ennemis. Elle se tient ordinairement cachée à terre la plus grande partie de la journée, dans les herbes et les endroits humides. Elle ne s'envole pas quand on approche, mais elle court avec rapidité comme le râle de genêt, et déconcerte ainsi ceux qui la poursuivent. De toutes les fauvettes, la locustelle est la seule qui puisse marcher, privilége dont elle se sert avec avantage. Elle doit encore un moyen d'échapper à ceux qui la poursuivent à la particularité de mœurs qui l'a fait dénommer *locustelle*, petite sauterelle. En effet, cette fauvette fait entendre un cri semblable à celui des cigales ou des sauterelles, *locusta*, et, comme cette dernière, elle continue ce bruit pendant très-longtemps. Les habitants des campagnes la désignent sous le nom de *longue haleine*, à cause de ce chant prolongé qui contribue à tromper le chasseur en lui faisant confondre la locustelle avec les cigales. Enfin, elle niche plus tard que les autres fauvettes, et plus souvent dans les plantes fourragères ou dans les champs de haricots, ce qui rend presque toujours vaines les recherches des dénicheurs ; car, lorsque le moment de pénétrer dans ces cultures est arrivé, les petits sont envolés. Son nid repose assez souvent à terre ; il est formé d'herbes entrelacées et garni intérieurement du duvet des plantes ou de paille très-fine et bien souple. Les œufs, au nombre de quatre ou cinq, sont d'un gris rose quelquefois uniforme, mais le plus souvent émaillé de petits points de même nuance, mais plus foncés ; quelquefois ces points varient du jaunâtre au rougeâtre.

Le grand diamètre est de $0^m,016$ à $0^m,018$, et le petit de $0^m,012$ à $0^m,013$.

Ici se termine la première subdivision des fauvettes, admise par un certain nombre de naturalistes et désignée sous le nom commun de *calamoherpes*, peignant très-bien les habitudes générales de ces fauvettes. Cette dénomination dérive de κάλαμος, roseau, herbe, et ἕρπω, ramper, glisser, grimper, et signifie alors oiseaux qui se *glissent entre les roseaux*, qui *grimpent le long des tiges*. Cette dernière habitude est tout à fait caractéristique, car les *calamoherpes* non-seulement parcourent les roseaux dans tous les sens avec une grande agilité, mais ils effectuent ces évolutions en s'élevant de côté. Leur corps forme avec les roseaux un angle qui varie de l'aigu au droit, selon que l'oiseau a besoin d'en modifier l'inclinaison pour capturer sa proie ou se dérober à ses ennemis.

Les fauvettes comprises dans la deuxième subdivision portent le nom de *rubiettes*, parce que toutes les espèces groupées sous cette désignation ont quelque partie de leur plumage de couleur rougeâtre.

FAUVETTE PIT-CHOU. — SYLVIA PROVINCIALIS.

Le *pit-chou* doit, selon quelques auteurs, son nom aux petites dimensions de sa taille. D'après Buffon et plusieurs naturalistes, cette dénomination signifierait, en provençal, *petit, menu*. Elle serait alors très-bien attribuée à un oiseau qui est l'un des plus petits de l'Europe. Des ornithologistes avaient pensé au contraire faire dériver ce nom d'une habitude de cette fauvette, habitude qui convient à beaucoup d'autres oiseaux. Le pit-chou se plaît à parcourir les terrains plantés de choux, visite les feuilles dans tous les sens pour y saisir les insectes qui s'y trouvent attachés. Dès lors il *picote*, non les choux, mais la proie qu'il poursuit. Cette explication me paraît être la seule fondée. Dans la langue provençale le verbe *pita* veut dire ramasser avec le bec sa nourriture grain à grain. On dit d'un avare : c'est un *pite dardennes*. *Dardenne* est l'ancienne pièce de deux liards. L'avare est donc un homme qui ramasse une à une les pièces de deux liards comme un oiseau recueille son grain. *Pit-chou* signifierait donc un passereau qui récolte sa nourriture, *grain* à *grain*, *petit* à *petit*, sur les *choux*.

Quelques écrivains avaient même soutenu que cette fauvette se cachait sous les feuilles de choux, pendant la nuit, afin d'éviter les attaques des chauves-souris très-friandes de sa chair. Cette hypothèse ne peut être admise par la raison que la chauve-souris, du moins celle de notre pays, ne vit pas d'oiseaux, mais d'insectes.

L'épithète *provincialis* indique que le pit-chou est très-multiplié dans la Provence qui paraît être sa patrie. Cette fauvette se montre en Anjou, mais en petit nombre, quelques couples y sont même sédentaires et s'y reproduisent.

J'ai rencontré le pit-chou dans les taillis formés de *brosses* (chêne tauzin, — *quercus toza*) plantés sur les bords de l'étang Saint-Nicolas. Le nid placé dans les buissons à peu d'élévation de terre est composé à l'extérieur de gramen et garni à l'intérieur de crin ou de matière cotonneuse. Il renferme quatre ou cinq œufs dont le fond de la coquille est d'un brun grisâtre parsemé de points bruns ou d'un jaune sale et pâle avec des taches effacées rougeâtres, brunes ou rousses, formant quelquefois par leur rapprochement une espèce de calotte. Ces œufs peuvent facilement être confondus avec les petites variétés de la passerinette ou même de la grisette. Leur grand diamètre est de $0^m,016$ à $0^m,018$ et leur petit de $0^m,012$ à $0^m,014$.

FAUVETTE ROUGE-GORGE. — SYLVIA RUBECULA.

Cette fauvette, la plus répandue de toutes et la seule qui soit sédentaire en Anjou, est presque méprisée dans toutes les contrées qu'elle habite. Le nom populaire qui lui est donné dans plusieurs campagnes vient ajouter encore au ridicule attaché à sa triste existence. On l'appelle la *gadille*. Cette dénomination cependant, comme le nom commun et le nom scientifique du *rouge-gorge*, est fondée sur le plastron rouge qui couvre sa poitrine en remontant jusqu'à la gorge. En effet, d'après Ménage, *gadille* dérive de *rubiadilla, rubjadilla, jadilla, gadilla;* dès lors la racine, dont la terminaison seule aurait prévalu, serait *rubia*, rouge. Ce qui expliquerait pourquoi *gadille* est synonyme de *roupie*. Belon dit qu'on appelle le *rouge-gorge*, la *roupie* ou la *gadille* parce qu'on voit cet oiseau venir aux villes et aux villages lorsque les *roupies* pendent au nez des personnes. Ce qui signifierait

que ces oiseaux voltigent même pendant les plus grands
froids qui font *rougir* le nez des villageois. Cet oiseau
vit de petits insectes et de vermisseaux qu'il cherche dans
les buissons. Peu défiant, il se laisse facilement approcher. Dans les pipées il est ordinairement une des premières victimes qui viennent se prendre aux gluaux. Sa
pose, ses manières, tout en lui semble dire à l'homme
qu'il réclame une indulgence, hélas ! trop souvent refusée.
Malgré l'ingratitude qui le poursuit sans cesse, le rouge-
gorge reste ami de l'homme et s'attache aux pas du bûcheron, dans les forêts solitaires. Par un chant plaintif,
il paraît s'associer à ses labeurs et quand tout est mort
autour de lui, cet oiseau est encore pour le bûcheron une
image de la vie. Il vient becqueter le pain du travailleur,
se poser sur l'instrument de ses fatigues, et semble
demander à faire partie de la famille. Souvent aussi le
villageois voit le rouge-gorge se percher sur l'arbre voi-
sin de la chaumière et égayer par son petit chant le repas
du soir composé d'un pain trempé de sueurs. Il s'arrête
longtemps sur le toit rustique et continue son ramage
jusqu'à ce que l'heure du repos ait sonné pour la famille
fatiguée. Et pour s'identifier davantage encore à la vie
de labeur des gens de campagne, il est de tous les
oiseaux celui qui se réveille et chante le plus tôt, qui
s'endort et chante le plus tard. C'est à lui et non au moineau que doivent se rapporter ces paroles : *Sicut passer
solitarius in tecto* [1]. Dans la saison des frimats, le rouge-
gorge se pose sur les maisons, sur les croisées et réclame
l'hospitalité au foyer domestique. Si l'accueil fait à sa
demande lui paraît favorable, ce passereau s'enhardit,
s'arrête quelques instants sur la porte entre-ouverte et
pénètre à l'intérieur de la maison pour recueillir quelques miettes de pain ; c'est un indigent qui a confiance

[1] Comme le passereau solitaire sur les toits.

dans la générosité de l'homme et dont l'espérance ne devrait pas être trompée. Ce qu'il demande est si peu de chose, son cri est si plaintif, sa confiance si naïve ! Puis lui-même est souvent si généreux, si hospitalier ! Que de fois il couve l'œuf que la femelle du coucou a déposé dans son nid et comme il entoure de soins celui qui doit le payer d'ingratitude !

Une vieille légende bretonne raconte que le rouge-gorge accompagna Jésus-Christ sur le Calvaire, chercha à le consoler par son chant et détacha une épine de la couronne du divin Rédempteur pour adoucir, autant qu'il le pouvait, ses souffrances. Afin de le récompenser de sa courageuse sympathie, Dieu lui donna pour mission de s'attacher aux pas de tous ceux qui travaillent et qui souffrent, et de continuer ainsi son rôle d'ami et de consolateur.

Le nid du rouge-gorge est le plus souvent posé à terre dans les trous des vieux murs. Il est composé presque toujours d'un lit de feuilles désséchées sur lequel repose une espèce de coupe aplatie formée de mousse, de bourre et de crins entrelacés. Il contient de cinq à six œufs dont la grosseur, la forme et les couleurs varient beaucoup. Souvent ils sont d'un roux uniforme parsemé de points imperceptibles et de couleur de brique. Quelques-uns portent sur un fond d'un blanc sale de larges taches rougeâtres réunies en plus grand nombre vers le gros bout. D'autres sont d'un blanc mat strié de points noirâtres formant une couronne et ressemblent à de petits œufs de la pie-grièche écorcheur.

Le rouge-gorge élève ses petits avec une tendresse remarquable ; le mâle partage avec la femelle le soin de l'incubation. Les membres d'une famille malheureuse ne doivent-ils pas s'entr'aider !

Le grand diamètre des œufs est de 0^m,017 à 0^m,020 et le petit de 0^m,014 à 0^m,016.

FAUVETTE GORGE-BLEUE. — SYLVIA SUECICA.

La fauvette *gorge-bleue* se reproduit chaque année en Anjou. On la trouve principalement au-dessus et au-dessous des Ponts-de-Cé, dans les osiers qui bordent les îles de la Loire et dans les marais de la Baumette. Cet oiseau, l'un des plus brillants de l'Europe, rappelle par ses couleurs vives et nuancées ceux des tropiques. Il doit son nom au magnifique bleu azuré qui couvre sa poitrine et sa gorge. Ce plastron se développe avec l'âge de l'oiseau et encadre une tache d'un blanc pur et éclatant. Une bande d'un noir mat règne au-dessous du bleu et fait encore ressortir d'une manière plus sensible les autres couleurs.

L'épithète *suecica, suédoise,* indique que cette fauvette est très-commune eu Suède. Quelques naturalistes ont distingué deux espèces de gorge-bleue, l'une nommée *suecica* et l'autre *cyanecula* (de *cyaneus,* bleu céleste). Selon l'opinion la plus probable, ce sont deux variétés de la même espèce et dont les légères différences peuvent dépendre du climat des pays habités par cette fauvette.

La gorge-bleue se tient en Anjou dans les osiers et les arbustes plantés sur les bords des rivières. Elle est difficile à trouver parce que, se taisant la plus grande partie de la journée, elle se trahit dès lors très-rarement par son chant. Puis elle reste à terre dans les grandes herbes ou dans les fourrés. Le nid composé, en dehors, d'herbes sèches, de mousse et de racines déliées, est revêtu, en dedans, d'une couche de foin, de crin et de plumes. Ordinairement il est placé à terre, caché sous des racines, des branches d'osier ou des touffes d'herbe. Quelquefois, comme celui du rouge-gorge, il est confié à des excavations pratiquées dans la terre ou dans les fentes des troncs des vieux arbres. Les œufs, au nombre de quatre à six, sont d'un bleu verdâtre, reflétant quelquefois plusieurs nuances. Ils ressemblent assez à ceux du rossignol, mais ils sont plus petits et presque toujours pointus des deux bouts. Leur longueur varie de 0^m,016 à 0^m,018 et leur diamètre de 0^m,013 à 0^m,017.

FAUVETTE ROUGE-QUEUE. — SYLVIA TITHYS.

Cette fauvette ne fait qu'apparaître dans notre département. Elle y séjourne seulement quelques jours à l'époque de ses migrations, et encore ce passage n'a lieu que d'une manière irrégulière. Elle doit son nom vulgaire à la couleur des plumes de sa queue.

Quant à celui de *tithys*, je le crois assez récent et mal formé soit du mot τιτίς qui servait à désigner un petit oiseau chez les Grecs, et dérivé lui-même de τιτίζω, *pépier*, *piailler*, soit de son cri *tui-tui*. Cette dénomination convient bien à cette fauvette et la distingue naturellement de ses congénères, puisqu'elle n'a ni chant ni ramage proprement dit, mais seulement un petit son flûté, composé de notes aigües et empreintes d'un sentiment de tristesse, en rapport avec les lieux solitaires qu'elle habite.

Le rouge-queue se plaît dans les terrains rocailleux dont il visite toutes les sinuosités pour y saisir les insectes; il parcourt aussi les bords des torrents et les terres nouvellement labourées et s'y nourrit de vermisseaux.

Cette fauvette fait son nid dans les fentes des rochers, entre les pierres tombées des montagnes et assez souvent sous les hangards isolés des habitations. Composé extérieurement de feuilles desséchées ou de mousse, il est revêtu à l'intérieur de plumes, de crin ou d'autres matières molles et flexibles. Il contient de quatre à six œufs d'un blanc pur et lustré; ils se rapprochent des œufs du torcol, mais on les distingue assez facilement de ces derniers

parce que ceux de la sylvia tithys sont légèrement piriformes, tandis que ceux du torcol sont presque toujours
oblongs.

M. l'abbé Caire, ornithologiste éclairé et persévérant,
a découvert une nouvelle espèce de fauvette tithys. La
femelle ressemble à celle dont je viens de parler, mais le
mâle adulte est très-différent de celui qui se montre en
Anjou. Cette fauvette a reçu le nom de celui qui l'a découverte et elle est connue sous le nom de *sylvia* ou
ruticilla Carii. Les œufs de cette seconde espèce sont
également d'un blanc pur, mais un peu moins gros et
plus ronds que ceux de la sylvia tithys. Quelques-uns
sont pointillés de taches d'un brun roux.

Le grand diamètre des œufs de la première espèce varie de 0^m,017 à 0^m,019 et le petit de 0^m,012 à 0^m,014.

FAUVETTE DE MURAILLES. — SYLVIA PHŒNICURA.

Ce passereau, très-commun en Anjou, est désigné
sous plusieurs noms, selon les habitudes que l'on consi-
dère en lui. On le nomme *rossignol de murailles*, parce
qu'il se plaît à se percher sur les ruines ou sur les toits,
où il fait entendre son chant très-accentué, agréable, mais
mélancolique. Puis il se rapproche du rossignol en ce
que, comme lui, il ne chante que le soir et le matin. Mais
il s'en éloigne en ce qu'il se place dans des lieux élevés
pour redire ses accents, tandis que son congénère se dérobe le plus possible aux regards en cherchant les endroits
bas et fourrés. La fauvette de murailles est encore appelée
hoche-queue, à cause du mouvement qu'elle imprime aux
pennes de sa queue de droite à gauche. Quant à sa dénomination la plus ordinaire, elle lui a été donnée parce
que cet oiseau aime à établir son nid dans les trous et les
crevasses des vieux murs; enfin son nom de *cul-rouge*
est fondé sur les nuances de sa queue, et l'épithète *phœ-*

nicura retrace la même idée, puisqu'elle vient de φοινίκουρος dont les racines sont φοῖνιξ, rouge, et οὐρά, queue.

Cette fauvette, remarquable par la vivacité de ses mouvements incessants, est très répandue dans notre département et dans toute l'Europe. Elle fait son nid dans les trous des murailles et des arbres fruitiers. Il prend dès lors toutes les formes de l'endroit auquel il est confié et devient tour à tour oblong, carré, triangulaire, petit ou grand, selon les dimensions des excavations qui le contiennent. Quelques-uns ont des proportions très-considérables; ils sont composés de mousse, de plumes et de crin. Peu de nids offrent aux petits une couche plus molle et plus chaude. La ponte varie de quatre à six œufs d'un bleu brillant et d'un diamètre moins considérable ordinairement que celui des œufs de l'accenteur mouchet, avec lesquels ils pourraient être confondus assez facilement; cependant ces derniers sont moins allongés que ceux de la fauvette de murailles et d'une couleur plus terne.

Le grand diamètre est de $0^m,017$ à $0^m,020$ et le petit de $0^m,012$ à $0^m,014$.

FAUVETTE ROSSIGNOL. — SYLVIA LUSCINIA.

Le rossignol est de tous les oiseaux connus celui dont le chant est le plus varié, le plus harmonieux et le plus étendu. A lui seul il réunit toutes les ressources et toutes les beautés de la voix des autres oiseaux chanteurs. Son nom français *rossignol* a été formé par corruption du latin *lusciniana*, mot qui dérive de *luscinus*, employé par Plaute pour désigner cette fauvette. *Luscinius* ou *luscinia* est formé de *lux*, *lucis*, jour, ou de *lucus*, *luci*, bois, et de *canere*, *cecini*, chanter, et signifie alors : oiseau qui chante au point du jour ou dans les bois : *qui canit sub lucem* ou *in lucis*. Le rossignol paraît en effet se complaire dans son chant et fuir tout ce qui pourrait s'opposer à son éclat. C'est pour cela qu'il ne se fait entendre que le matin et le soir lorsque tout se tait autour de lui et qu'il peut régner en maître absolu. Il aime aussi à chanter dans les bois les plus sombres et les plus solitaires, évitant tout ce qui pourrait le distraire, tout bruit qui enlèverait à sa voix quelque chose de son incomparable beauté. Cependant dès que les petits du rossignol sont élevés, son chant si simple, si harmonieux, si étendu et si souvent admiré, est remplacé par un son rauque assez semblable au coassement du crapaud.

Cet oiseau vient chaque année se reproduire en Anjou. Il établit son nid à terre ou près de terre, dans les fourrés et les taillis les plus épais, au milieu des haies touffues, sur la pente des fossés ombragés. Ce nid, régulièrement composé de feuilles desséchées, est assez profond et pénètre en terre dans un petit creux de quelques centimètres, préparé par le rossignol pour donner plus de solidité à son travail. L'intérieur est garni de feuilles plus délicates que celles de l'enveloppe, de petites racines et de crin. Les œufs au nombre de quatre à cinq sont d'un brun uniforme avec quelques reflets verdâtres ou d'un brun olivâtre. La femelle seule est chargée des soins de l'incubation, et malgré la sollicitude qu'elle manifeste pour cette opération, elle abandonne son nid dès que le coucou y a déposé un œuf.

Le grand diamètre est de 0^m,018 à 0^m,020, et le petit de 0^m,013 à 0^m,015.

FAUVETTE PHILOMÈLE. — SYLVIA PHILOMELA.

La fauvette *philomèle* se rapproche beaucoup du rossignol, ses habitudes sont les mêmes, elle en diffère cependant par la nuance plus foncée de son plumage et sa taille plus forte. En liberté on la reconnaît facilement à

sa voix plus vibrante encore que celle de sa congénère e
surtout à ses roulades beaucoup plus prolongées.

Son nom de *philomèle* (φίλος, ami, et μέλος, chant) rap
pelle l'histoire de la fille de Pandion, roi d'Athènes. Cett
malheureuse princesse ayant subi d'indignes traitement
de la part de son beau-frère Térée, chercha à s'en venger
Ne pouvant dévoiler de vive voix ses infortunes, puisqu'o
lui avait coupé la langue, elle retraça au fond de sa pri
son, sur une toile, tout ce qu'elle avait souffert. Cett
toile fut envoyée à sa sœur Progné, qui, à la tête d'un
troupe de Bacchantes, délivra Philomèle. Par un mouve
ment de délire incompréhensible, Progné immole so
propre fils et, dans un grand festin, elle en sert le
membres à son époux; à la fin du repas, la mère cou
pable jette sur la table la tête du jeune Itys, et lorsqu
son mari se précipite sur elle pour assouvir sa fureur, i
se trouve changé en épervier, Progné en hirondelle, Ity
en faisan et Philomèle en la fauvette qui porte son nom
Les habitudes de ce passereau, son éloignement pour l
société des autres oiseaux et surtout pour celle d
l'homme, la mélancolie de son chant semblaient chez le
payens favoriser la fable de la mythologie. Depuis cett
métamorphose, l'épervier poursuit inutilement l'hi
rondelle, et Philomèle échappe aussi à ses serres pa
l'obscurité et la solitude des lieux qu'elle habite. Selo
l'opinion qui me semble la plus probable, la fauvett
philomèle se reproduit en Anjou. Son nid ressemble
celui du rossignol; ses œufs ne diffèrent de ceux de l
précédente que par leurs dimensions un peu plus forte
et par une nuance assez souvent plus sombre.

Grand diamètre de 0^m,020 à 0^m,022, petit de 0^m,01
à 0^m,016.

Ici se termine la section des rubiettes. Pour compléte
la nomenclature des fauvettes, il ne reste plus qu'à par

courir la subdivision comprenant les fauvettes proprement dites.

Si le nom de la fauvette philomèle rappelle le souvenir de crimes atroces, celui de l'*orphée* ne fait du moins revivre dans notre esprit que celui d'un époux malheureux. Orphée, fils d'Apollon et de Clio, jouait admirablement de la lyre. Son épouse Eurydice, ayant été piquée par une vipère le jour de ses noces, descendit dans le sombre séjour de Pluton. Orphée résolut d'arracher aux enfers celle qu'il aimait tendrement. La puissance de sa lyre triompha de tous les obstacles; les lois immuables de la mort furent suspendues par l'harmonie du fils d'Apollon, et Eurydice lui fut rendue. Malheureusement une condition était imposée : Orphée devait précéder Eurydice et ne la regarder que lorsqu'il serait sorti des noirs abîmes. Déjà il franchissait le seuil de cet empire ténébreux, lorsque cédant à un désir bien naturel, il se détourne, voit Eurydice qui disparaît et lui est enlevée pour toujours. Inconsolable de cette perte, Orphée fuit la société des hommes et cherche dans les accents de sa lyre un soulagement à sa douleur. Les forêts, les montagnes, les animaux se montrèrent sensibles aux charmes de son harmonie; mais elle ne put calmer le ressentiment des femmes dont Orphée avait repoussé l'union depuis la mort d'Eurydice. Le malheureux chantre fut massacré par les Bacchantes en fureur, et sa tête, jetée dans l'Hèbre, murmurait encore le nom d'Eurydice.

> Tum quoque, marmorea caput a cervice revulsum
> Gurgite quum medio portans Æagrius Hebrus
> Volveret, Eurydicen vox ipsa et frigida lingua,
> Ah! miseram Eurydicen! anima fugiente, vocabat :
> Eurydicen toto referebant flumine ripæ. [1]

[1] Virgile, *Géorgique*, l. IV, v. 524 et suivants.

Tel est le sommaire de la vie mythologique de celui auquel l'ornithologie a emprunté le nom qu'elle donne à une des plus gracieuses fauvettes. L'orphée ressemble à la fauvette à tête noire, ce qui l'a fait surnommer la *grosse tête noire*. Elle en diffère essentiellement par ses dimensions qui sont plus fortes même que celles du rossignol. Son chant est puissant et doux, mais moins étendu que celui des deux espèces précédentes. Il respire la mélancolie et la tristesse, et fournit à cet oiseau un moyen d'échapper à la poursuite des chasseurs. L'orphée jouit de la faculté de modifier son ramage, de telle sorte que, lorsque l'on est près de cette fauvette, son chant paraît venir de bien loin ou d'un côté tout opposé à celui qu'elle occupe. Ceux qui se guident sur ce renseignement pour capturer l'orphée se trompent toujours, et dans cette circonstance encore la voix de cet oiseau semble venir des entrailles de la terre ou se perdre dans ses profondeurs : rapport qui n'a pas dû échapper à ceux qui ont uni par le même nom la fauvette et l'époux infortuné.

Non-seulement l'orphée traverse notre département chaque année, mais elle s'y arrête quelquefois pour s'y reproduire. Cette année j'ai reçu de Charcé, par l'entremise de Mlle Chauveau, institutrice, un très beau nid d'orphée contenant cinq œufs. Ce nid, très gros, est composé à l'extérieur de gramen, de paille et de racines, et de crin à l'intérieur. Les œufs, d'un blanc sale, sont parsemés de taches brunes ou d'un cendré jaunâtre; le centre des taches est d'une couleur plus foncée que celle des bords qui semble se fondre avec les nuances de la coquille. Le nid est placé ordinairement sur les arbustes ou dans les haies et les buissons épais.

Grand diamètre de 0^m,017 à 0^m,019, et petit de 0^m,013 à 0^m,015.

FAUVETTE A TÊTE NOIRE. — SYLVIA ATRICAPILLA.

Cette fauvette, l'une des plus communes en Europe, doit ses noms français et latin au noir profond répandu sur le dessus de sa tête. Peu craintive, elle vient animer de son chant et de son vol non-seulement les campagnes, mais encore les jardins des villes. Elle dissimule peu l'endroit qu'elle a choisi pour y construire son nid. Elle l'établit dans les haies, sur les bords des chemins, dans les groseilliers, les rosiers et les autres arbustes. Il est composé à l'extérieur de gramen, et garni à l'intérieur de quelques brins de crin. Arrondi en forme de coupe, il est très peu épais et ordinairement transparent. Les œufs qu'il contient, au nombre de quatre à cinq, varient beaucoup en grosseur et en couleur. Régulièrement ils ont des dimensions fortes comparativement à la taille de l'oiseau. Les uns, presque arrondis, ont le fond de la coquille d'un blanc sale ou roussâtre, parsemé de taches brunes dont le centre est plus foncé que les bords; d'autres ont une couleur rougeâtre pointillée de noir. Quelques-uns paraissent recouverts de deux couches uniformes d'un jaune pâle et effacé, dont la seconde semble plus épaisse que la première. Enfin, on en trouve qui sont entièrement blancs. Pour cette fauvette, comme pour les autres oiseaux, cette grande variété dans les couleurs des œufs me semble provenir non seulement de la différence d'âge des femelles et des lieux qu'elles habitent, mais surtout de la nourriture qu'elles trouvent. En effet, les couvées successives des mêmes oiseaux présentant une grande variété de nuances dans les œufs, ce changement me semble ne pouvoir être attribué qu'à la nourriture, qui varie avec le cours de l'année.

Quelquefois il est très-difficile de distinguer les œufs de la fauvette à tête noire de ceux de la fauvette des jardins, si ce n'est par la petite différence qui existe dans leurs dimensions. Les œufs de la première sont ordinairement un peu moins longs et moins blanchâtres que ceux de la seconde.

La fauvette à tête noire fait chaque année plusieurs couvées. Elle rivalise avec le rossignol pour la fraîcheur et l'harmonie de son chant; mais s'il est aussi doux et aussi flexible, il est moins étendu. Le mâle partage avec la femelle les soucis de l'incubation; il prodigue à ses petits les soins les plus tendres, et quand ils sont menacés par un ennemi, il cherche à l'éloigner des objets de son amour en feignant d'être blessé et de traîner l'aile. Puis, quand il pense avoir écarté le danger par cette ruse innocente, il s'envole et revient près de ses petits par une route détournée.

Grand diamètre de 0^m,017 à 0^m,020, petit de 0^m,012 à 0^m,014.

FAUVETTE DES JARDINS. — SYLVIA HORTENSIS.

Cette fauvette aime à séjourner dans les jardins, *hortus*, à y chercher sa nourriture, à s'y reproduire, habitudes qui justifient son nom. Le nid de la fauvette des jardins, composé à l'extérieur de paille et de brins d'herbe, est garni de crin et confié ordinairement aux massifs et aux haies des jardins. Le crin employé par la plupart des petits oiseaux dans la contexture de leurs nids me paraît fournir une nouvelle preuve de l'instinct admirable que leur a donné Dieu, dans sa tendre sollicitude pour tous les êtres de la création. Cette matière, tout à la fois chaude et flexible, se trouve facilement partout; par son élasticité, elle se prête à tous les mouvements de la couveuse; avec le secours de cette garniture intérieure, le nid se développe selon l'âge des petits qu'il renferme, reçoit et conserve cependant toujours la forme ronde, la plus commode et la plus favorable pour l'incubation.

Ce nid contient ordinairement quatre ou cinq œufs. La coquille en est d'un blanc jaunâtre parsemé de taches brunes dont le milieu est d'une nuance plus foncée, tandis que celle des bords semble presque effacée.

Cette fauvette recherche les lieux ombragés et voisins des petits cours d'eau. Elle aime à nicher près de ses congénères, avec lesquelles elle vit en bonne harmonie. Son chant, varié et coulant, est moins éclatant que celui de la fauvette à tête noire.

Le grand diamètre de ses œufs est de $0^m,018$ à $0^m,020$, et le petit de $0^m,013$ à $0^m,014$.

FAUVETTE GRISETTE. — SYLVIA CINEREA.

La couleur cendrée de cette fauvette lui a peut-être fait donner ses noms vulgaires et scientifiques. Cet oiseau se trouve en très grand nombre dans toute l'Europe. Il ne paraît nullement redouter le voisinage de l'homme. Son chant, moins agréable que celui de la plupart de ses congénères, plaît cependant par son excessive volubilité. Plus élancée dans ses formes qu'un certain nombre d'autres fauvettes, elle est aussi plus vive dans ses mouvements. Elle est sans cesse en activité; on la voit tour à tour voltiger de branche en branche ou courir de buisson en buisson, voler en pirouettant au dessus des haies pour y pénétrer ensuite avec agilité et se livrer à toute sorte d'ébats qui semblent indiquer un caractère léger et folâtre. La gaîté de la *grisette*, l'étourderie de ses mouvements, son chant saccadé, cette espèce de joyeuse folie qu'elle manifeste dans l'ensemble de ses habitudes, ne pourraient-ils pas faire supposer à son nom l'étymologie qui a été donné à l'épithète *grive*?

La fauvette grisette fait deux, trois et même quatre couvées par an. Son nid, grossièrement façonné, est

composé de petits brins de gramen et de paille ; l'intérieur est quelquefois garni de flocons de laine ou du coton
des plantes. Il est placé le plus souvent dans les haies
peu élevées, sur le bord des routes, ou confié aux ronces
qui s'étendent sur les fossés. Les œufs, au nombre de
quatre à cinq, varient beaucoup en dimensions et en
couleurs. Les uns sont d'un blanc sale et verdâtre parsemé de petits points ou de larges taches noirâtres toujours plus nombreuses vers le gros bout. D'autres sont
tout ronds ou très-allongés. On en trouve dont la coquille,
d'un blanc de lait, porte vers le gros bout une couronne
de petits points grisâtres. Enfin, quelques-uns revêtent
la couleur jaunâtre avec des taches brunes. Malheureusement cette grande variété donne lieu à des erreurs in-
volontaires ou à des fraudes calculées. Beaucoup d'œufs
de la fauvette grisette circulent dans les collections et
chez les marchands comme appartenant au pit-chou,
à l'aquatique ou même à la passerinette.

Le grand diamètre est de 0^m,015 à 0^m,018, et le petit
de 0^m,011 à 0^m,014.

FAUVETTE BABILLARDE. — SYLVIA CURRUCA.

La fauvette *babillarde* doit son nom à son chant peu
étendu et sans cesse répété. Cet oiseau aime les taillis et
les endroits fourrés. Sans cesse en mouvement, comme
les mésanges et les pouillots, il poursuit et recherche
dans ses chasses incessantes les insectes et les petites
mouches qu'il rencontre sur les branches ou qu'il saisit
au vol. Comme la fauvette grisette, il s'élève au-dessus
des buissons en tournant sur lui-même pour y pénétrer
ensuite avec la rapidité de la flèche. Dans ses évolutions,
il retrace les ruses et les habitudes de l'épervier pour-
suivant sa proie. La babillarde enfle les plumes de sa
gorge et de sa tête toutes les fois qu'elle reprend son

chant monotone, habitude qui lui donne un air d'importance qui ne sied guère à sa petite taille.

L'épithète *curruca* par laquelle elle est désignée dans presque tous les ouvrages d'ornithologie, est un mot qui n'a jamais été employé que par Juvénal, dans sa satire vi[e]. Le sens qu'il a attaché à *curruca*, ne peut convenir à la fauvette babillarde que, parce que cette sylvie, par ses habitudes, a paru couver avec plus de facilité encore que ses congénères, l'œuf que le coucou aime à déposer souvent dans son nid. La femelle semble alors, par une indifférence coupable, imposer au mâle, la pénible fonction de pourvoir à la nourriture et à l'éducation d'un petit qui ne devrait pas faire partie de la famille.

Quelques auteurs d'après Forcellini, pensent que *curruca* n'est autre chose qu'*urrucca*. Ce mot signifierait alors, l'oiseau qui vit dans les parties inférieures des buissons et des orties, ou plutôt encore, l'oiseau le plus infime du genre, ce qui rentrerait dans la pensée de Juvénal, qui est une idée de mépris. Les différentes acceptions des épithètes *curruca* et *urruca* peuvent se justifier par les habitudes de la babillarde. Elle se tient dans les taillis les plus sombres. On dirait une coupable fuyant la lumière.

Ce passereau, dont la présence a été signalée en Anjou, niche dans les buissons, les taillis ou sur les branches peu élevées des arbres. Son nid, composé à l'extérieur d'herbe ou de paille désséchée, est garni à l'intérieur de crin ou de plantes molles. Il contient quatre ou cinq œufs de couleur blanche, légèrement jaunâtre, parsemés surtout vers le gros bout de taches rousses ou olivâtres dont le centre est beaucoup plus foncé que les bords. Ils reproduisent assez les nuances et la forme des œufs de la fauvette orphée, mais ils sont d'une dimension beaucoup plus petite. Leur grand diamètre est de $0^m,014$ à $0^m,016$ et leur petit de $0^m,011$ à $0^m,013$.

FAUVETTE A POITRINE JAUNE. — SYLVIA HIPPOLAÏS,
ou plutôt HYPOLAÏS.

Augustin Niphus, cité par Aldrovande [1], prétend que
cette fauvette a été nommée *hippolaïs* du mot ἵππος, cheval,
parce qu'elle fait son nid dans l'œil d'un cheval mort.
Une pareille étymologie, comme le savant Bolonais le
fait remarquer, est ridicule, indigne d'un homme docte,
et provient de l'ignorance du grec. Il faut écrire en effet,
non *hippolaïs*, mais *hypolaïs*, de ὑπολαΐς, ou ἐπιλαΐς (Aristote), dont les racines, suivant les meilleurs dictionnaires, sont, ὕπο, ἔπι, et λᾶς, λᾶας, λᾶος, λᾶες, rochers. Ce
mot indique non, d'après l'interprétation fournie par
certains lexiques, que cet oiseau se tient sous ou parmi
les pierres et les rochers, mais qu'il cherche sous ou
parmi les pierres les insectes et les vermisseaux qui lui
servent de nourriture. L'hypolaïs fait la voix, le chant, le
cri de rappel de tous les oiseaux qui sont dans son voisinage depuis la rousserole des marais jusqu'à l'hirondelle
des cheminées et depuis la pie-grièche jusqu'au moineau.
Cette facilité excessive l'a fait surnommer généralement
fauvette *polyglotte* (πολύς, plusieurs, et γλῶσσα, langue),
oiseau qui fait entendre plusieurs chants, qui parle en
quelque sorte plusieurs langues. En m'appuyant sur
cette dernière étymologie et sur les habitudes de cette
fauvette, j'avais pensé que le mot ὑπολαΐς pouvait dériver
de ὑπό, sens dessus dessous, et de λάλις, pour λάλος, *babil-
lard*, et signifier alors fauvette babillant à tort et à travers, comme il est très-facile de le constater pendant le
temps de son séjour dans notre département. Mais,
en me conformant davantage aux lois de l'étymo-

[1] L. XVII, ch. XXXIV.

logie, je m'arrête à la première, comme à la seule véritable.

L'hypolaïs se reproduit chaque année, en Anjou; elle recherche ordinairement les buissons touffus et les haies impénétrables pour y établir son nid. Là, selon la méthode des rousseroles, elle réunit plusieurs branches d'aubépine, de ronce ou d'arbustes par des brins de paille ou d'herbes sèches et déliées. Elle continue ensuite son travail en donnant à son nid une grande profondeur. L'intérieur est garni de crin, de laine, de coton des saules et autres matières souples et molles. L'extérieur, assujéti par les bords à ces petites branches, est composé de plantes entrelacées avec art. La femelle y dépose quatre ou cinq œufs très-jolis surtout lorsqu'ils sont nouvellement pondus. Leur couleur est d'un rouge lilas ou violeté et parsemé de raies et de taches noires ou rougeâtres. Leur longueur est de 0^m,016 à 0^m,019 et leur diamètre de 0^m,012 à 0^m,013.

Les naturalistes ont fait un genre *hypolaïs* qui comprend plusieurs espèces. L'une d'elles l'*ictérine*, de ἴκτερος, jaune, me paraît venir chaque année dans notre département. Elle est d'autant plus facile à confondre avec la fauvette à poitrine jaune, qu'elle a les mêmes nuances de plumage, les mêmes habitudes que celle-ci. Le nid et les œufs des deux espèces se ressemblent entièrement. L'ictérine diffère de l'hypolaïs proprement dite, par des proportions un peu plus grandes, un bec plus court, des ailes plus longues et une queue un peu plus fourchue au centre.

Malheureusement ces fauvettes ainsi que la plupart des oiseaux qui ne visitent l'Anjou que pour s'y reproduire, arrivent dans un temps où la chasse est interdite, pour nous quitter vers l'époque à laquelle elle est ouverte. Dès lors il est difficile de pouvoir étudier ces oiseaux, d'autant plus que presque tous ceux qui restent plus longtemps parmi nous, perdent leur voix après la nidification et échappent aux recherches en ne trahissant plus leur présence.

Je pense que les fauvettes mélanocéphale, à lunettes, passerinette, passent chaque année dans notre département, et que même elles s'y reproduisent. Cette hypothèse devient presque une certitude, si l'on admet comme exactes les descriptions des nids et des œufs de ces oiseaux, faites par MM. Dégland, Bailly et Crespon. Pour faciliter aux ornithologistes de notre Anjou la vérification de mon assertion, je vais donner quelques détails sur ces trois fauvettes et sur leur mode de nidification.

FAUVETTE MELANOCEPHALE. — SYLVIA MELANOCEPHALA.

Les épithètes française et latine données à cet oiseau ont la même étymologie ; toutes les deux, elles dérivent du grec μέλας, μέλαινα, noire, et κεφαλή, tête, et signifient *fauvette à tête noire*. La *melanocephale* ressemble beaucoup à la *sylvia atricapilla ;* ses dimensions sont inférieures à celles de sa congénère, de cinq millimètres seulement. La couleur rougeâtre qui entoure ses yeux est le signe le plus caractéristique qui la sépare des autres sylvies. Elle vit et niche comme la fauvette à tête noire et peut ainsi être facilement confondue avec cette dernière. Ses œufs au nombre de quatre ou cinq ont dix-huit ou dix-neuf millimètres de longueur, et treize ou quatorze millimètres de diamètre. D'après M. Crespon, ils sont d'une couleur blanchâtre et parsemés de points noirâtres en forme de couronne vers le gros bout. Selon M. Dégland, leur teinte est d'un gris roussâtre, moucheté de petits points fauves ou d'un roux olivâtre, plus rapprochés au gros bout et peu sensibles. Cette différence peut s'expliquer par les variétés qui ont été communiquées à ces naturalistes. Quoi qu'il en soit, l'on trouve en Anjou des types se rapportant exactement aux œufs décrits par ces deux auteurs.

FAUVETTE A LUNETTES. — SYLVIA CONSPICILLATA.

Cette jolie petite sylvie, dont les différents noms ont la même signification, se distingue de la fauvette grisette par les plumes noires qu'elle porte en forme de lunettes autour du cercle blanc de ses yeux, par des couleurs plus pures et plus vives et par des dimensions plus petites. Elle a ordinairement trois centimètres de moins que sa congénère à laquelle elle ressemble par l'ensemble de ses habitudes et par son genre de nourriture. La fauvette à lunettes fait son nid avec les mêmes éléments que la grisette ; il renferme ordinairement quatre ou cinq œufs dont la longueur varie de $0^m,014$ à $0^m,016$ et le diamètre de $0^m,011$ à $0^m,012$. La coquille de ces œufs est blanchâtre ou d'un blanc teint de grisâtre, avec de nombreux points ou de petites taches brunes ou verdâtres, formant quelquefois une espèce de calotte vers le gros bout.

FAUVETTE PASSERINETTE. — SYLVIA PASSERINA.

Le nom donné à cette fauvette est un diminutif du mot *passer*, moineau, et indique que la couleur d'une partie de son plumage se rapporte par ses nuances à celui du moineau. Le mâle a toutes les parties supérieures d'un cendré couleur de plomb, inclinant au bleu, toutes les parties inférieures en général d'un roux de brique avec une légère teinte de violet. Le ventre et l'abdomen sont blanchâtres ; deux petits traits blancs en forme de moustaches partent de la base du bec et descendent de chaque côté du cou ; enfin la queue est noirâtre.

La longueur de la passerinette est de 13 centimètres.

La femelle a le dessus du corps d'un cendré clair avec une très-légère teinte olivâtre ; les parties inférieures sont d'un gris roussâtre clair ou jaunâtre, le ventre blanchâtre tirant un peu au roux. La bande blanche près le bec est peu apparente.

La passerinette habite de préférence les localités montueuses couvertes de broussailles et d'arbustes. Elle aime beaucoup les fruits sucrés. Elle a aussi les mêmes habitudes que la grisette ; elle construit avec les mêmes matériaux et dans les mêmes endroits un nid en forme de coupe, contenant quatre ou cinq œufs. Ceux-ci sont blanchâtres ou d'un blanc inclinant au verdâtre , avec des taches et des points tirant sur le violâtre, mêlés avec quelques autres d'un cendré roux et très-rapprochés sur le gros bout, où la couleur du fond s'aperçoit à peine. Quelques-uns sont d'un blanc cendré avec des points d'un gris roussâtre plus nombreux vers le gros bout et se confondant avec la couleur de la coquille. Leur longueur varie de 0^m,015 à 0^m,016 et leur diamètre de 0^m,012 à 0^m,013.

Les différences qui existent entre ces dernières sylvies sont très-difficiles à saisir et ont échappé pendant longtemps à un grand nombre de naturalistes. Maintenant encore, malgré les travaux récents et de nouvelles observations, plusieurs auteurs distingués et, parmi eux, M. Nordmann, ont soutenu que la fauvette grisette, *sylvia cinerea*, la passerinette, *sylvia passerina*, la fauvette à lunettes, *sylvia conspicillata*, pourraient bien ne former qu'une seule espèce se manifestant par plusieurs variétés.

J'abandonne aux savants la solution de ce problème. Cependant je puis constater dès maintenant, quelle que soit leur décision, que l'on trouve en Anjou les différentes variétés d'œufs attribuées aux trois espèces précédentes.

SEPTIÈME GENRE.

POUILLOTS.

Dans la Faune de Maine et Loire, aux *fauvettes* succèdent les *pouillots*. Pendant très-longtemps ces derniers ont été classés parmi les sylvies avec lesquelles ils ont beaucoup de rapport. Les *pouillots* sont avec le *troglodyte* et les *roitelets*, les plus petits oiseaux de l'Europe. C'est aussi aux dimensions de leur taille qu'ils doivent leur nom de *pouillot*, formé de *pullus*, *pusillus*, *petit*. Ces passereaux vivent régulièrement en société ; on les rencontre quelquefois en troupes assez nombreuses. Sans cesse en mouvement, ils papillonnent autour des branches, des feuilles, afin d'y saisir les vers et les insectes. Ils parcourent les arbres dans tous les sens pour y trouver leur proie, et accompagnent leur chasse d'un cri vif et perçant qui semble souvent être un cri de rappel. Quatre espèces de pouillots visitent l'Anjou et s'y reproduisent. La cinquième espèce, le pouillot à ventre jaune, admise par M. Millet, n'est, d'après la grande majorité des naturalistes, que le pouillot fitis, jeune âge et en plumage d'automne.

POUILLOT SIFFLEUR. — SYLVIA SIBILATRIX.

Les noms français et latin du *pouillot siffleur*, le plus grand du genre, lui viennent de son cri de rappel qui est aussi son cri ordinaire. Ce cri perçant ressemble à un sifflement ; il rappelle celui que fait entendre le bouvreuil, et sa puissance étonne de la part d'un oiseau si faible.

Le siffleur établit son nid près de terre, dans les broussailles, dans les lieux humides, sur les bords des fossés. Des feuilles de fougère desséchées, de la guinche (molinie bleuâtre, *molinia cœrulea*), de la mousse en forment l'extérieur ; des plumes, du crin et des matières molles en garnissent l'intérieur. Ce nid a la forme d'une grosse boule oblongue ou d'un four de campagne, selon les endroits dans lesquels il se trouve établi. Une petite ouverture y est pratiquée du côté le moins exposé aux regards et est ordinairement tournée vers le fossé. L'entrée se trouve à peu près au milieu du nid, de manière cependant que la partie supérieure puisse s'avancer pour former toit et préserver la mère et sa jeune famille de la pluie et de l'humidité de la rosée. Ce nid, par sa couleur et sa position, échappe facilement aux regards, mais il se trouve malheureusement trop près de terre pour n'être pas souvent visité et dévasté par les lézards verts et les couleuvres. Les œufs dont le nombre varie de cinq à sept sont un peu oblongs ; la coquille est d'un blanc plus ou moins rosé et pointillé de taches d'un brun roux et rougeâtre, plus nombreuses et plus rapprochées à mesure qu'elles s'élèvent vers le gros bout. Ces œufs se distinguent de ceux du natterer par leurs dimensions un peu plus fortes et par le fond de la coquille toujours plus blanc ; enfin les taches du siffleur sont ordinairement plus larges et plus séparées les unes des autres que celles des œufs du natterer.

Le grand diamètre est de 0^m,014 à 0^m,016 et le petit de 0^m,011 à 0^m,012.

POUILLOT FITIS. — SYLVIA TROCHILUS.

La difficulté de distinguer les différentes espèces de pouillots, qui ont tous des traits de ressemblance, a forcé les naturalistes à remarquer certaines particularités omises facilement dans le classement des autres oiseaux.

Le cri triste et mélancolique de ce pouillot, qui semble faire entendre ce mot, *fist-fist*, a suffi pour que Bechstein lui donnât le nom de *fitis*, expression défigurée du chant du pouillot *trochilus*. Quant à cette dernière dénomination, elle convient à tous les pouillots ; elle dérive de τρόχιλος, dont la racine τρέχω, tourner, voltiger avec vitesse, représente le vol papillonnant et bruyant de ces oiseaux, tournant autour des petites branches avec la même rapidité et le même bourdonnement que le fuseau sous une main exercée.

Le nid du fitis, beaucoup plus restreint dans ses dimensions que celui du précédent, est composé des mêmes matières et souvent placé moins près de terre; on le trouve dans les bois ou les taillis, non loin des petits cours d'eau ou des fossés, suspendu à de grandes tiges de fougères. On le prendrait facilement pour le nid du rat des moissons. Il contient cinq ou six œufs moins gros et plus allongés que ceux du siffleur, d'un fond blanchâtre disparaissant sous des petits points d'un rouge de brique très-multipliés, et recouvrant en quelque sorte entièrement le fond de la coquille. Ils pourraient être confondus avec quelques variétés des œufs de la mésange bleue, mais ces derniers, cependant, ne sont jamais si chargés de taches.

Grand diamètre de 0^m,014 à 0^m,015 ; petit de 0^m,010 à 0^m,012.

POUILLOT VÉLOCE. — SYLVIA RUFUS.

Les noms de ce pouillot offrent une nouvelle preuve de la peine que l'on éprouve à saisir des nuances dans les couleurs ou des différences dans les habitudes de ces petits oiseaux. Les noms de *véloce* et de *rufus, roux*, peuvent convenir à tous les pouillots, puisque tous sont d'une agilité remarquable et que leur couleur fauve les avait fait classer parmi les sylvies. En hiver on trouve le véloce en grand nombre dans les arbustes et les osiers plantés sur les bords des rivières et surtout des marais ou des étangs. De l'extrémité des branches, qu'il visite en tous sens, il se précipite sur la proie qu'il aperçoit fixée aux plantes aquatiques ou entraînée par les eaux. Quand cette proie est attachée à un débris ou à un objet capable de le supporter, il s'y fixe et dès lors s'abandonne sur cette espèce d'esquif au cours de l'eau jusqu'à ce que sa faim soit satisfaite ou que sa patience soit vaincue. On peut constater ces habitudes du véloce près des bords de l'étang Saint-Nicolas, principalement à l'endroit où l'eau décrit une courbe entre les deux bouquets de sapins. Le véloce a la faculté de modifier sa voix et de faire croire qu'il chante bien loin du chasseur lorsqu'il en est très-près. Ainsi, dans le mois de mai 1857, j'étais occupé avec plusieurs jeunes gens à chercher un nid de pouillot véloce dans les petits taillis situés sur la rive droite du même étang ; pendant nos investigations, le mâle resta perché à l'extrémité d'un arbre, faisant entendre un cri d'inquiétude qui nous semblait devoir diriger nos pas. Après un certain temps consacré à des recherches inutiles, nous nous aperçûmes que nous étions les victimes du petit ventriloque. Nous ne pouvions l'entrevoir lui-même, et lorsque nous pensions être près de le découvrir, son chant nous paraissait venir de bien loin, pour se rapprocher quand nous nous éloignions et recommencer sans cesse une ruse qui nous fatiguait sans amener aucun résultat.

Le pouillot véloce est, en Anjou, le plus répandu des oiseaux de ce genre. Comme le siffleur, il niche très-près de terre, le long des talus des fossés et toujours du côté de la route, espérant ainsi éviter plus facilement les regards des hommes. Pour le découvrir, en effet, on est non-seulement obligé de se courber profondément, mais même de descendre dans les fossés. Ce nid réunit les mêmes éléments que ceux des pouillots précédents, et contient de cinq à sept œufs variant de formes et de taches. Peut-être trouverait-on dans cette différence très-sensible une preuve en faveur de ceux qui admettent une cinquième espèce de pouillot. Ces nuances très-distinctes méritent de fixer l'attention des naturalistes. Quelques nids contiennent des œufs presque ronds, dont la coquille est d'un blanc parsemé de taches noires; d'autres présentent des œufs de forme allongée et couverts de taches plus petites et d'un rouge de brique.

Grand diamètre de $0^m,014$ à $0^m,017$, petit de $0^m,011$ à $0^m,013$.

POUILLOT NATTERER. —— SYLVIA NATTERERI OU BONELLI.

Ce pouillot porte indifféremment le nom de *Natterer* ou celui de *Bonelli*. Il doit ces dénominations aux deux savants qui les premiers ont pu, par de minutieuses observations, le distinguer des autres espèces. Les habitudes de cet oiseau sont les mêmes que celles de ses congénères. Il niche comme le véloce, en préférant toutefois les lisières des bois à tous les autres lieux. Son nid renferme cinq où six œufs plus petits que ceux du siffleur, et tellement chargés de points rougeâtres qu'ils paraissent se confondre et donner une nouvelle nuance à la coquille; celle-ci semble quelquefois être un peu violetée.

Grand diamètre de $0^m,014$ à $0^m,017$, petit de $0^m,011$ à $0^m,012$.

HUITIÈME GENRE.

ACCENTEUR PÉGOT. —— ACCENTOR ALPINUS.

Les inflexions brèves et saccadées du chant de l'*accenteur* ont déterminé les ornithologistes à donner à cet oiseau un nom qui reproduisît cette particularité : *accen-tor*, celui qui entonne. On dirait qu'il annonce une *antienne* sur un ton mélancolique; c'est un chant commencé et subitement interrompu. Quant au mot *pégot*, il me semble pouvoir s'expliquer de deux manières. L'accenteur *alpin* vit sur le sommet des montagnes du midi de l'Europe, et en particulier sur celui des Alpes. Il se nourrit d'insectes et de graines, double avantage qui lui permet de séjourner presque en tout temps dans les mêmes pays. Cet oiseau se plaît dans les régions solitaires. Fixé sur une pierre, il s'y tient immobile pendant longtemps, regardant autour de lui d'un air hébété tout ce qui s'y fait, ne paraissant pas redouter l'approche de l'homme, par indifférence ou par ignorance du danger. Cette habitude, cet air stupide, lui ont fait donner le nom de *pégot*, dérivé de *pée*, expression du pays de Comminges (Haute-Gascogne), signifiant *hébété, imbécile*. La couleur noirâtre du plumage de cet oiseau pourrait peut-être faire admettre que *pégot* vient du vieux mot français *pége*, signifiant *couleur de poix, noirâtre*. Cet accenteur niche à terre, dans les inégalités de terrain ou entre les pierres; son nid, composé de racines, de brins d'herbe et de paille, est très-solidement construit. Ces différentes matières sont tellement unies et liées, qu'elles paraissent avoir été soumises à l'action d'une presse puissante. Les bords du nid ont jusqu'à $0^m,05$ d'épaisseur. Il contient de quatre à six œufs bleus sans taches; leur longueur varie de $0^m,020$ à $0^m,024$, et leur diamètre de $0^m,015$ à $0^m,017$.

Le pégot traverse l'Anjou très-rarement et n'y séjourne jamais.

ACCENTEUR MOUCHET. — ACCENTOR MODULARIS.

Ce congénère du pégot est sédentaire dans notre département. On le trouve partout et en grand nombre. Il se tient dans les taillis et les haies épaisses, sans cesse occupé à recueillir quelques petites graines, à saisir des vermisseaux, des insectes et surtout des mouches, habitude qui lui a fait donner l'épithète *mouchet*. Cet accenteur est très-lent dans ses mouvements ; il sautille d'un air stupide et peu défiant dans les buissons ; aussi a-t-il reçu le nom expressif de *traîne-buisson*. Son chant est bref, peu varié ; il le fait suivre ou précéder de quelques sons plaintifs, tremblants, qu'il semble se plaire à *moduler*, ce qui explique sa dénomination latine *modularis*.

L'accenteur mouchet établit son nid dans les arbustes et dans les haies, à environ un mètre de terre ; son nid, assez volumineux, est formé ordinairement d'une couche épaisse de mousse disposée en coupe, revêtue, à l'extérieur, de quelques brins de paille ou de petites racines, et, à l'intérieur, de crin. Ce nid renferme quatre ou cinq œufs bleus, un peu ventrus, et se distinguant de ceux du rossignol de murailles, par une forme moins allongée et par une couleur plus pâle.

Grand diamètre de $0^m,017$ à $0^m,019$, petit de $0^m,012$ à $0^m,014$.

NEUVIÈME GENRE.

ROITELET HUPPÉ (REGULUS CRISTATUS). — ROITELET A TRIPLE BANDEAU (REGULUS IGNICAPILLUS).

Deux fois chaque année notre département est traversé par des bandes de petits oiseaux dont le cri et le vol plaisent à ceux qui en sont les témoins. Ils parcourent, avec une vitesse et une grâce qui tiennent beaucoup de celles du papillon, les taillis et surtout les arbres verts, cherchant les petites mouches , les insectes et leurs larves. Aucune partie des arbres n'échappe à leurs investigations incessantes; on les voit suspendus à l'extrémité même des feuilles agitées par le vent, le corps renversé, afin d'être plus certains de ne rien oublier sur leur passage. Ces oiseaux si vifs, si gracieux, sont des habitants des Alpes, qui, malgré leur faiblesse, entreprennent et exécutent de longs voyages. Les naturalistes les ont nommés *roitelets, petits rois*, à cause de leur huppe et de leur bandeau qui semblent être une couronne.

En Europe, trois espèces forment ce genre; deux seulement nous visitent. Celles-ci se distinguent entr'elles par la huppe et le triple bandeau de vives couleurs, qui embellissent encore leur petite tête. Cette particularité a déterminé leurs noms vulgaires et savants. Pendant longtemps ils ont été confondus dans une seule espèce, et c'est M. Brehm, naturaliste saxon, qui le premier les a déterminés d'une manière précise.

Le roitelet huppé, mâle, porte sur le sommet de la tête une huppe d'un jaune orange, encadrée sur les côtés et en devant par des plumes effilées, noires à l'extrémité des barbes, et d'un jaune vif à l'intérieur. Ces plumes font en quelque sorte partie de la huppe, car elles s'élèvent avec elle.

Le diadème des femelles est moins brillant que celui des mâles. Cet oiseau établit son nid dans les arbres élevés et touffus; il a la forme d'une boule très-ronde, dans laquelle on a pratiqué un petit trou placé en dessous, afin que l'eau n'y puisse pénétrer. Cette ouverture est ordinairement dissimulée sous une branche. Souvent il m'est arrivé d'examiner ce nid dans tous les sens avant d'apercevoir l'ouverture qui donnait passage à la femelle. De la mousse, parsemée de petits lichens, et unie par des toiles d'araignée, en compose l'extérieur; des plumes et du crin garnissent l'intérieur. Ce nid renferme de six à huit œufs d'un blanc sale ou jaunâtre, et dont le gros bout est ordinairement d'une nuance uniforme mais plus foncée; on dirait une seconde couche répandue sur la première en forme de calotte.

Le grand diamètre est de $0^m,012$ à $0^m,013$, et le petit de $0^m,009$ à $0^m,010$.

Le *roitelet à triple bandeau* doit son nom aux différentes bandes blanches et noires qui sillonnent sa tête et encadrent sa huppe. Celle-ci est d'un orangé couleur de feu. Ses habitudes sont les mêmes que celles du précédent, avec lequel il émigre et vit en bonne harmonie. Son nid est fait de la même manière et placé entre plusieurs petites branches qui, en retombant, l'enveloppent et le cachent tout à la fois.

Ses œufs diffèrent de ceux de son congénère par leur couleur rose et par de petits points d'un rouge un peu effacé; leurs dimensions sont aussi un peu plus petites que celles de l'espèce précédente.

Grand diamètre de $0^m,011$ à $0^m,012$, et le petit de $0^m,008$ à $0^m,009$.

DIXIÈME GENRE.

TROGLODYTE D'EUROPE. — TROGLODYTES VULGARIS.

Les anciens avaient donné le nom de *Troglodytes* à des peuples d'Afrique dont ils connaissaient peu les habitudes précises, et qu'ils supposaient devoir vivre en sauvages et habiter les cavernes et les bois. Selon une opinion admise par un certain nombre d'historiens modernes, le peuple des Troglodytes n'aurait jamais existé, et les anciens auraient vu des hommes là où il n'existait réellement que des singes. Quoi qu'il en soit, les ornithologistes se sont appuyés sur ces données vraies ou fausses pour imposer à un très-petit oiseau le nom de *troglodyte*, composé de τρώγλη, trou, caverne, et δύκω, δύω, entrer, habiter. Ce passereau aime en effet à visiter, à parcourir les fentes, les crevasses des vieilles murailles, les trous des arbres vermoulus, pour y saisir les insectes et les vermisseaux. De plus il choisit quelque anfractuosité de vieux mur tapissé de lierre ou le débris d'un nid ou même une excavation d'un arbre vermoulu pour y établir son domicile et y passer la nuit à l'abri du froid et de tout danger.

En Anjou, on appelle communément le troglodyte, *berrichot*, *beurichon* et *burrichon*. Ce nom vulgaire dérive du vieux mot latin *burrichus*, signifiant *roux*, dont la racine est πυῤῥός, roux. *Burrichus* ou *burricus* est un diminutif de *burrus*, ancien mot latin signifiant *roux*, témoin ce passage de Festus : « *Burrum* dicebant antiqui quod nunc dicimus *rufum* » (cité par Ménage à l'article *Bourrique*). Cette dénomination, le *petit roux*, est parfaitement justifiée par la couleur uniforme des plumes du troglodyte.

Quant au mot *robertaud*, *petit Robert*, *petit maître Robert*, il convient à ce petit oiseau, qui fait acte de propriétaire en se glissant partout, même dans l'intérieur des maisons, pour y manger ou pour s'y reproduire, et sans demander aucun consentement. Ce mot a en outre le même sens que *beurichon*, car *Robert* vient de l'allemand *Rotbert*, signifiant *barbe rousse*, et peut dès lors se traduire encore ainsi : le petit roux.

Le courage que déploie le troglodyte en présence du danger, l'énergie avec laquelle il attaque les oiseaux beaucoup plus gros que lui, surtout lorsque la jeune famille est menacée, l'ont peut-être aussi fait comparer aux grands guerriers de l'antiquité et lui ont mérité le nom de Roi-Bertaut. Dans leur langage naïf et expressif, les campagnards ont voulu consacrer leur juste appréciation de la valeur du petit roux et lui ont décerné une couronne, comme prix de son courage. Ils imitaient en cela les Romains qui avaient trouvé une certaine analogie entre

César et les troglodytes. « La veille du jour où Jules-César reçut ses vingt-deux coups de poignard dans le Sénat, un troglodyte fut écharpé de la même façon sur la place publique par une vingtaine d'autres petites bêtes, et cet événement qui semblait un triste présage pour le nouveau roi, impressionna vivement les amis du grand homme et les fit se douter de l'affaire qui se machinait. » (*Hist. romaine*, de Michelet).

L'imagination ne s'est pas arrêtée à comparer le troglodyte aux rois et aux empereurs, elle a supposé encore que le petit Robert avait défié l'aigle dans son vol audacieux et que pour triompher de son terrible adversaire, il s'était élancé sur le dos du roi des airs. Aussi, lorsque l'oiseau de Jupiter se fut élevé à une hauteur inaccessible, il jeta un regard de dédain pour apercevoir son rival qu'il croyait encore à la surface de la terre. Mais tout à coup, retentit à ses oreilles un chant de victoire, c'était le roi Bertaut déployant toutes les richesses de son gosier musical pour célébrer son triomphe.

Dans quelques localités les habitants de la campagne appellent le troglodyte le petit *mussot*, du mot *musse*, couleur de souris, *mus*, parce que comme les souris il se fraie un passage avec une grande adresse et une grande rapidité, au milieu des fourrés les plus épais.

Le troglodyte se plaît aussi dans les haies touffues, dans les lierres qui tapissent les murs ou serpentent autour des arbres. Ses mouvements sont vifs et saccadés; son chant, assez agréable, est très-étendu et très-perçant pour un si petit oiseau; ce chant ne se compose que d'une seule phrase non interrompue qui dure cinq ou six secondes. Cette particularité, très-rare chez les oiseaux, mérite d'être remarquée, car les phrases du rossignol ne se prolongent pas au-delà de deux ou trois secondes. Celles du merle noir durent trois ou quatre secondes, celles du merle grive deux ou trois ; seule, l'alouette l'emporte sur le troglodyte par un chant qui comprend l'espace de plusieurs minutes.

La queue du troglodyte est toujours relevée en éventail, et ses mouvements semblent indiquer une colère ou une irritation presque continuelle. On le voit sans cesse paraître et disparaître derrière les branches ou les feuilles; il trompe la vigilance de tous ses ennemis par cette espèce de fuite stratégique. Dans le temps de la nidification, le mâle se tient près de son nid, surveille tous ceux qui s'en approchent, et manifeste, par l'agitation de ses plumes et par ses cris non interrompus, l'indignation qui l'impressionne. Le troglodyte établit son nid le long des arbres couverts de lierre, sous les hangards près des fermes, dans les trous des vieux murs et quelquefois à une petite distance de terre, entre les branches d'un arbuste ou des charmilles. Ce nid, dont les dimensions sont très-considérables, présente ordinairement la forme d'une boule oblongue; un petit trou très-rond, placé sur le côté ou vers le haut, donne passage à la couveuse. Cette ouverture est fortifiée par de petites racines qui, en assujétissant la mousse, l'empêchent de céder sous la pression occasionnée par l'entrée et la sortie de la femelle. Le haut du nid s'avance presque toujours, afin de servir de toit et de préserver l'intérieur contre les inconvénients de la pluie et les intempéries de la saison. Des feuilles desséchées de fougère ou d'autres plantes, de la mousse liée par des racines, forment l'extérieur; le dedans est garni de plumes et de crin. Il contient de cinq à sept œufs très-gros pour les dimensions de l'oiseau. Leur forme est un peu oblongue, le fond de la coquille est d'un blanc uniforme, et de couleur rose lorsque les œufs ne sont pas vidés. Le plus souvent ils sont parsemés de points rougeâtres. Le nid de troglodyte est très-remarquable par la propreté qui y règne intérieurement. Le père et la mère le purgent continuellement des insectes qui s'y introduisent et des excréments de la petite famille.

Le grand diamètre est de 0ᵐ,014 à 0ᵐ,016, et le petit de 0ᵐ,011 à 0ᵐ,012.

ONZIÈME GENRE.

BERGERONNETTE GRISE. — MOTACILLA ALBA.

Le genre des *bergeronnettes* comprend un certain nombre d'oiseaux intéressants par les habitudes auxquelles ils doivent leurs différents noms. Ces passereaux vivent de vermisseaux, d'insectes, et recherchent les lieux où ils peuvent les trouver plus facilement. Par gaieté et pour saisir au vol quelque insecte ailé, ils aiment à s'élancer à une petite élévation au-dessus des prairies, à tourner sur eux-mêmes et à retomber ensuite pour recommencer plusieurs fois les mêmes évolutions. On les voit courir avec grâce et agilité sur les bords des rivières, voltiger sur les feuilles de nénuphar ou sur les roseaux inclinés. Ils se plaisent à visiter les bassins dans lesquels s'abreuvent les troupeaux et qui servent de lavoirs publics : cette habitude les a fait nommer *lavandières*. Le mouvement imprimé sans cesse de haut en bas à leur longue queue leur a mérité l'épithète de *hoche-queue* ou de *motacilles* (*motacilla*, de *moveo*, agiter, remuer). Quant au nom de *bergeronnette* ils le doivent à leur habitude de suivre les cultivateurs et les bergers et de s'attacher à leurs pas sans craindre leurs attaques. Ils se tiennent derrière la charrue qui trace les sillons, saisissent les insectes sous les mottes renversées, ne redoutant ni les animaux ni ceux qui les dirigent. Dans les prairies, ils restent au milieu du troupeau, suivant tour à tour les bestiaux, et vivant des insectes ou des vermisseaux que les pas pesants des vaches ou des bœufs font sortir de leurs retraites. D'autres fois ils s'attachent au dos des moutons, des porcs même, et les débarrassent des insectes qui les tourmentent. Souvent on a vu une ou deux bergeronnettes fixées sur un seul animal, le suivre dans sa course furieuse déterminée par les piqûres qu'il ressentait et dont il ne comprenait pas le motif, et ne l'abandonner que lorsque la visite générale était terminée.

Les bergeronnettes, ont beaucoup de rapports les unes avec les autres ; dès lors quelques naturalistes ont réuni plusieurs espèces en une seule, d'autres au contraire ont fait un grand nombre de subdivisions. On admet généralement quatre espèces, qui toutes visitent l'Anjou et dont trois s'y reproduisent.

La bergeronnette *grise* doit son nom à l'ensemble de sa couleur, d'un gris blanchâtre ; elle niche dans notre département. Composé de mousse, de crins et de plumes, son nid est placé ordinairement dans les tas de pierres situés sur le bord des eaux. Il prend dès lors la forme du trou auquel il est confié. Pour en dissimuler l'entrée, le père et la mère y pénètrent par différents passages. Ce nid contient quatre ou cinq œufs d'un blanc grisâtre parsemé de petits points d'un brun noirâtre. Le grand diamètre est de $0^m,020$ et le petit de $0^m,015$.

Quelques ornithologistes pensent que la véritable bergeronnette *lugubre* ne vient pas en Europe, et que celle à laquelle on a donné ce nom à cause des nuances plus sombres et plus foncées de son plumage n'est qu'une variété de la grise.

Quant à la bergeronnette *Yarrell*, ainsi appelée du nom du savant Anglais qui l'a déterminée, elle est considérée par les uns comme une variété dépendant de la vieillesse du sujet, ou de l'influence du climat ; d'autres auteurs l'ont érigée en espèce.

Quoi qu'il en soit les bergeronnettes lugubre et Yarrell

ont les mêmes habitudes que la grise. Leur nid est en tout conforme à celui de leur congénère et leurs œufs ne diffèrent de ceux de la *motacilla alba* que par la couleur de leur coquille quelquefois plus foncée. Variétés insuffisantes cependant pour servir de fondement à une distinction d'espèces, puisque ces variétés se manifestent et d'une manière encore plus sensible dans les œufs de presque tous les passereaux.

BERGERONNETTE JAUNE — MOTACILLA BOARULA.

Cette bergeronnette, se distingue des précédentes non-seulement par les nuances de son plumage auxquelles elle doit un de ses noms, mais encore par son caractère. Ennemie de la société, elle recherche la solitude et attaque ses congénères qui se trouvent dans les lieux qu'elle parcourt. Elle accompagne son vol d'un petit cri plaintif et vibrant. Son nom paraît provenir de *Boaria*, ancienne désignation sous laquelle était connue la Bavière, depuis le moment où les Boïens, chassés de la Bohème par les Marcomans, vinrent s'y établir. Ce nom de Boïens semble être attribué à tous les peuples qui s'occupaient principalement d'élever des troupeaux et puiser dès lors son étymologie dans la même racine que le grec βοῦς, bœuf. On rencontre les Boïens de la Gaule, les Boïens d'Italie, les Boïens de la Germanie, etc. En Poitou encore maintenant, le bœuf est appelé *boe*, et le bouvier, *boier; bouvier* lui-même dérive évidemment de *boviarius.*

Dans du Cange *boarius* est *pastor boum*, le pasteur des bœufs, et d'après Forcellini, *boarius* peut se remplacer par ces mots : *ad boves pertinens*, qui se rapporte aux bœufs, qui leur ressemble, et a pour racine βοάριος. Chez les Romains, on appelait *forum boarium*, le marché aux bœufs.

D'après ces explications, l'épithète *boarule* donnée à la bergeronnette jaune, semblerait indiquer au premier coup d'œil, que cet oiseau s'attache aux pas des troupeaux, et que comme un certain nombre de ses congénères, il cherche sa nourriture jusque sur le dos des bœufs. Mais les habitudes de la bergeronnette jaune s'opposent à cette hypothèse. Car plus sauvage que toutes les autres espèces, elle fuit la présence de l'homme et des troupeaux, n'habite que les endroits solitaires et surtout le bord des cours d'eau.

La véritable étymologie me semble donc être βοῦς, bœuf, et ῥινός, peau, et par conséquent rentrer dans le mot βοάριος, *ad boves pertinens*, oiseau qui se rapproche du bœuf, quant à la couleur. La couleur étant le plus souvent celle des bœufs et celle des vaches, l'épithète *boarule* pourrait remplacer l'adjectif *jaune*, qui sert à déterminer cette bergeronnette. L'étymologie donnée ci-dessus conviendrait à plus forte raison au mot *boarine* qui est le seul mentionné dans les dictionnaires, comme représentant la bergeronnette jaune. Si quelque susceptibilité s'opposait à reconnaître ῥινός comme une des deux racines du mot *boarule*, il n'en resterait pas moins démontré que le principe de cette expression est βοῦς, bœuf. L'idée représentée par ce mot serait toujours la même.

Souvent la boarule traverse les villes pour s'arrêter de jardin en jardin, de cour en cour, afin de visiter tous les endroits humides. On l'aperçoit solitaire et perchée sur le toit des maisons où elle fait entendre son cri perçant, et d'où elle semble rechercher les endroits les plus favorables à ses investigations.

Son nid composé à l'extérieur de brins d'herbe et de débris de plantes, est garni à l'intérieur de plumes et de crin. Placé à terre et sous des pierres près des cours d'eau, il contient de quatre à six œufs d'un blanc sale, roussâtre ou même isabelle. La couleur de quelques-uns st uniforme, d'autres sont couverts d'une seconde couche presque effacée ou de petites taches grisâtres et jaunâtres. Grand diamètre de $0^m,018$ à $0^m,020$, et le petit de $0^m,014$ à $0^m,015$.

BERGERONNETTE PRINTANIÈRE. — MOTACILLA FLAVA.

Cette bergeronnette, la plus sociable de tout le genre, est très répandue en Europe. Elle arrive en grand nombre, dès les premiers jours du printemps, dans les pays où elle doit nicher. Elle paraît annoncer le retour de la belle saison, et c'est cette particularité qui lui a fait donner son nom français. Quant au mot *flava, jaune*, il indique que son plumage approche de celui de la précédente. Elle niche à terre dans l'herbe, près des rivières, et pond le même nombre d'œufs que la boarule. Leur couleur est plus jaune, plus rousse et plus uniforme que celle des œufs de sa congénère. Grand diamètre de $0^m,017$ à $0^m,018$, et le petit de $0^m,013$ à $0^m,014$.

Quelques naturalistes ont admis une bergeronnette *flaveole* (*motacilla flaveola*, jaunâtre) qui selon l'opinion la plus accréditée, n'est qu'une variété de la printanière. Les œufs qu'on lui attribue sont d'un blanc roussâtre ou jaunâtre uniforme et strié de petits points bruns peu visibles.

DOUZIÈME GENRE.

PIPIT RICHARD — ANTHUS RICHARDI.

Les *pipits* ont été pendant très-longtemps confondus avec les alouettes, dont ils se rapprochent par quelques traits de ressemblance, mais dont ils s'éloignent par plusieurs habitudes. Ces oiseaux forment la transition naturelle entre les bergeronnettes et les alouettes,

Comme les premières, ils vivent d'insectes et donnent à
leur queue un mouvement de haut en bas. Comme les
secondes, ils chantent en s'élevant dans les airs, et présentent des formes beaucoup moins sveltes que les *motacilles*. Plusieurs espèces, semblent prendre plaisir à
s'élancer dans les airs du haut des arbres, après s'y être
reposés, pour redescendre, la tête en bas, les ailes étendues, représentant une flèche, et accompagnant ce vol
irrégulier d'un chant agréable, mais un peu saccadé.
Enfin quelques-uns se perchent très rarement.

Leur nom générique *pipit* est la reproduction de leur
chant, *pit-pit*, qu'ils répètent sans cesse et qui semble être
en même temps un chant de joie et un cri de rappel. Leur
dénomination latine *anthus* dérive du grec ἄνθος, signifiant *fleur*. Si le mot est pris au figuré, les pipits seront
alors considérés comme l'ornement des lieux qu'ils habitent, par leur vol et leurs mouvements continuels. S'il
est adopté selon le sens propre, il indiquera que ces passereaux vivent en général au milieu des terrains cultivés,
et qu'ils se nourrissent de graines des fleurs et de
plantes.

Le pipit *Richard*, le plus gros de tous, a été dédié par
M. Vieillot au naturaliste de Lunéville qui l'avait signalé
le premier. Comme tous ses congénères, il niche à terre ;
son nid se compose de petites racines et de brins de foin
ou de plantes ; il renferme quatre ou cinq œufs. Leur
coquille, d'un blanc gris sale, est revêtue de taches d'un
noir rougeâtre.

Leur grand diamètre varie de 0^m,022 à 0^m,028, et leur
petit de 0^m,018 à 0^m,020.

PIPIT SPIONCELLE. — ANTHUS AQUATICUS.

L'épithète *spinula*, qui chez certains auteurs, sert à
désigner ce pipit, rappelle une des habitudes de ce pas-

sereau, celle de se plaire et de vivre dans les terrains plantés de buissons d'épines, *spina*, épine. C'est le même motif qui l'a fait nommer *spinoletta*. Le deuxième nom *aquaticus*, aquatique, nous retrace une autre habitude de cet oiseau, celle de fréquenter les lieux humides, et les bords des rivières et des marais. Quant au mot *spioncelle*, il dérive de *spionia*, expression employée par Pline pour désigner la vigne sauvage. Du substantif *spionia* on a fait l'adjectif *spionicus*, qui appartient à la vigne sauvage, d'où *spioncelle*. Cette qualification qui signifie oiseau qui vit dans la vigne sauvage, convenait d'autant plus au pipit qu'il détermine, que ce passereau est appelé dans le midi de la France, *bec-figue des vignes*. Les Romains le nommaient *ficedula*, bec-figue. Les gens de la campagne, très-bons observateurs, désignent le pipit spioncelle sous le nom de *vinette*. Ainsi se trouve réalisé par le bon sens populaire, le désir que Martial exprimait, il y a bien des siècles, sous la forme d'une épigramme :

> Cum me ficus alat, cum pascar dulcibus uvis,
> Cur potius nomen non dedit uva mihi?

Puisque je me suis nourri non-seulement de figues, mais aussi du raisin le plus doux, pourquoi n'est-ce pas le raisin qui me donne son nom [1]?

Cependant, le mot *spionicus* eût dû être remplacé par un autre pour représenter exactement les habitudes d'un oiseau qui se rapproche de la grive par le plumage, le chant et la nourriture et qui, comme elle, préfère les vignes cultivées à celles qui sont sauvages. Le spioncelle manifeste une grande variabilité dans ses goûts, et c'est cette particularité qui a induit en erreur plusieurs naturalistes et lui a procuré des noms d'une signification

[1] MARTIAL, livre XIII, Épigramme 49.

toute différente. A quelques époques de l'année et revêtu d'un certain plumage, on voit le spioncelle fréquenter les terrains marécageux et les bords des rivières : on le nomme alors *anthus aquaticus.* A une autre époque et avec une livrée différente, on l'a remarqué dans les endroits rocailleux, couverts de buissons, sur les montagnes : on lui a, par conséquent, donné la dénomination d'*anthus montanus.* Ces pérégrinations dans des lieux si différents ne sont pas chez les spioncelles le résultat d'un caprice, mais elles sont dictées par un instinct raisonné qui les dirige dans les endroits, qui, selon les saisons, offrent plus de ressources et d'abondance pour leur nourriture. Le pipit spioncelle est appelé *spipolette* par un certain nombre de naturalistes, et Buffon, entre autres, s'empresse d'adopter cette désignation qui a été choisie par les Florentins. Le nom de *spipolette* paraît dériver tout naturellement du verbe italien *spipolare* [1] qui signifie : chanter avec caprice. Cette expression peindrait très-bien une des habitudes de ce pipit, qui, comme celui des buissons, s'élève à une certaine hauteur pour retomber la tête en bas, en faisant la flèche et en accompagnant ses évolutions d'un chant gracieux, mais décousu. Ce chant paraît être effectivement un chant de fantaisie plus ou moins soutenu, selon la hauteur à laquelle l'oiseau s'est élevé, et dépendant ainsi des difficultés qu'il peut éprouver par la résistance de l'air ou l'approche d'un danger. On dirait un enfant qui ne redit pas une leçon de musique selon les principes de son maître, mais qui brode selon ses dispositions et ses caprices.

Les gastronomes romains, comme ceux de nos jours, estimaient la chair du pipit spioncelle comme plus délicate et plus succulente que celle de tous les autres oiseaux.

[1] Dictionnaire d'Alberti.

Le spioncelle fait à terre, dans les endroits rocailleux, un nid composé de racines et d'herbes. Il contient de quatre à six œufs ventrus, de teintes et de couleurs très-différentes. Les uns sont d'un blanc sale, d'autres d'un gris un peu violet; on en trouve de rougeâtres; tous portent des taches brunes ou noirâtres, toujours plus nombreuses vers le gros bout. Quelques-uns paraissent avoir une seconde couche plus foncée que la première, et qui donne à une partie de l'œuf une teinte toute particulière.

Grand diamètre de 0^m,020 à 0^m,023, petit de 0^m,015 à 0^m,017.

PIPIT ROUSSELINE. — ANTHUS RUFESCENS.

Les noms français et latin de cet oiseau sont fondés sur les nuances de son plumage. Le pipit rousseline aime à s'élever à des hauteurs considérables en répétant son ramage un peu monotone, puis à se laisser tomber la tête en bas avec la rapidité de la flèche, dont il prend la ressemblance en conservant ses ailes étendues sans leur imprimer aucun mouvement.

Le nid, composé de mousse, de petites racines, d'herbe et de crin, reçoit ordinairement de quatre à six œufs dont la coquille, légèrement blanchâtre, est souvent striée de points, de taches et même de raies qui varient du violet au brun ou au roux foncé.

Le grand diamètre est de 0^m,020 à 0^m,024, et le petit de 0^m,017 à 0^m,018.

PIPIT FARLOUSE. — ANTHUS PRATENSIS.

Le *pipit farlouse* est très-commun dans notre département; il est le plus petit du genre et ressemble beaucoup au *pipit des arbres*. Souvent il est désigné sous le nom d'alouette des prés , *prati alauda ;* ce sont ces deux derniers mots réunis et défigurés qui ont formé la dénomination *farlouse*, en subissant, d'après Le Duchat, les transformations suivantes : *prati alauda*, puis *pralauda*, *fralauda*, *farloue*, et enfin *farlouse*. L'épithète latine *pratensis* , de pré, représente la même idée. Le pipit farlouse vit en bandes nombreuses, se tient de préférence dans les herbes et dans tous les lieux humides et arrosés ; il y poursuit les insectes et les petits vermisseaux. On le trouve en très-grand nombre, pendant l'automne et l'hiver , dans les marais de la Baumette et sur les bords de l'étang Saint-Nicolas ; à l'approche du chasseur, il s'élève à une hauteur peu considérable, par un vol incertain et saccadé, en faisant entendre un petit cri répété qui paraît être en même temps un cri de rappel et de mécontentement. On voit qu'il s'éloigne à regret des lieux qu'il avait choisis pour y chercher sa nourriture, et dans lesquels il revient presque immédiatement dès qu'il aperçoit que le danger est passé.

Le pipit farlouse fait son nid à terre, dans les champs ensemencés, dans les prairies, quelquefois dans les taillis ou au pied d'un buisson. Des herbes sèches, des racines et un peu de mousse en composent l'extérieur. Les œufs, au nombre de quatre ou cinq, reposent sur une petite couche de crin et de duvet de plantes ; ils varient en couleurs plus que les œufs de tous les autres oiseaux. Ils présentent toutes les formes , les couleurs et les nuances les plus variées. Chez les uns, le fond de la coquille est d'un blanc un peu enfumé ; chez d'autres, il varie du blanchâtre au rougeâtre, avec des points ou des taches brunes, pourprées , violettes. Les uns sont parsemés de petits points couleur de brique, d'autres portent de larges taches brunes effacées et se fondant dans les premières teintes de la coquille. Enfin quelques-uns sont ronds, d'autres oblongs, et un certain nombre piriformes. Souvent les couleurs de ces œufs ont un éclat si vif qu'ils semblent avoir été recouverts d'une couche de vernis.

Le grand diamètre est de 0ᵐ,018 à 0ᵐ,022, et le petit de 0ᵐ,014 à 0ᵐ,016.

PIPIT DES ARBRES. — ANTHUS ARBOREUS.

Ce passereau doit son nom à quelques-unes de ses habitudes. Il se perche plus facilement que ses congé-nères, et fréquente plus volontiers qu'eux les lieux plantés d'arbres ou parsemés de buissons. Il se distingue facile-ment du pipit farlouse, par un éperon beaucoup plus court que celui de son congénère, et c'est même à cette particularité qu'il doit l'avantage de pouvoir se percher. Il niche cependant à terre, comme tous les *pipits*. Son nid, formé d'herbe, de foin et de mousse, est garni à l'intérieur de crin et de petites racines très-déliées. Placé dans les fourrages, les bruyères et les taillis, il contient de quatre à six œufs un peu oblongs. Leur coquille est souvent d'un blanc grisâtre strié de petits points bruns ou noirâtres. Elle offre des traits ou des taches rougeâtres ou d'un cendré violet sur un fond blanc recouvert d'une seconde couche rougeâtre. Ces œufs offrent les mêmes variétés que ceux du pipit farlouse.

Désirant obtenir des renseignements positifs sur les motifs qui pouvaient amener des modifications si essen-tielles dans les nuances et les dimensions des œufs du pipit des arbres, j'avais prié mon excellent ami, M. Raoul de Baracé, de me venir en aide. Grâce à ses soins bienveil-lants, j'obtins trois femelles, capturées sur leurs nids à 200 mètres de distance les unes des autres et dans le même temps. Le premier nid contenait des œufs presque ronds, petits, pointillés de gris d'une manière uniforme. Les œufs du second, beaucoup plus gros que les précé-dents, ressemblaient à certaines variétés de ceux de la fauvette à tête noire ; ils étaient parsemés de taches rougeâtres, irrégulières, fondues dans la coquille, représentant diverses couches superposées. Enfin le troisième nid renfermait cinq œufs : le fond de la coquille était d'une couleur rougeâtre, pointillé de petites taches de mêmes nuances, mais un peu plus foncées et très-régulières. Ces nids ayant été trouvés à la même époque, dans la même contrée, dans la même propriété, les raisons de température, de climat, de nourriture, alléguées pour expliquer les variétés de coloration des œufs de quelques espèces de pipit, s'évanouissent, et la difficulté de la solution de ce problème subsiste dans toute sa force.

Grand diamètre de 0^m,019 à 0^m,020, et le petit de 0^m,012 à 0^m,017.

PIPIT OBSCUR. — ANTHUS OBSCURUS, MARITIMUS.

La présence du *pipit obscur* a été signalée en Anjou ; quelques naturalistes même ont pensé qu'il s'y était reproduit. La couleur sombre du plumage de cet oiseau, les lieux qu'il recherche de préférence, justifient les épithètes *obscur* et *maritime* sous lesquelles il est désigné. Il habite ordinairement le nord de l'Europe, et se répand dans les régions plus tempérées. Ce pipit se tient sur les bords de la mer, où on le rencontre en très-grand nombre, et dans les joncs et les marécages situés à l'embouchure des rivières. On le voit, par troupes assez considérables, courir sur les terrains couverts et abandonnés successivement par les flots de la mer, dans les marais salants. Il cherche alors, dans les terres humides et détrempées, des petits vermisseaux. Le *pipit obscur* niche à terre, souvent dans les îlots, sur les bords de la mer, dans les touffes d'herbe ou entre les rochers. Le nid, formé d'herbes desséchées, de racines et de mousse, renferme de quatre à six œufs un peu oblongs, d'un gris verdâtre, strié de petits points bruns ou noirâtres.

Leur grand diamètre est de 0^m,020 à 0^m,022, et leur petit de 0^m,015 à 0^m,016.

Ici se termine la deuxième famille de l'ordre des *passereaux*.

TROISIÈME FAMILLE.

Conirostres.

Les alouettes et les mésanges, dont je vais essayer de décrire les mœurs, en m'appuyant sur l'étymologie de leurs noms, appartiennent à la troisième famille de l'ordre des passereaux, laquelle comprend un très-grand nombre de genres et d'espèces.

Celles-ci diffèrent essentiellement entre elles par leurs proportions et leurs habitudes.

Afin de les désigner par un même nom, les naturalistes ne les ont envisagées que sous un rapport, celui du bec : dès lors ils les ont nommées *conirostres* (*conum*, cône, *rostrum*, bec), parce que tous les oiseaux renfermés dans cette famille ont les deux mandibules du bec très-fortes, sans échancrure, bombées, et de *forme conique*.

L'inspection du bec de ces passereaux prouve d'une manière évidente qu'ils sont destinés à vivre principalement de graines, et que Dieu leur a donné dans cet organe un moyen puissant de les concasser avec facilité.

PREMIER GENRE.

ALAUDÆ. — LES ALOUETTES.

Les recherches auxquelles j'ai dû me livrer pour déterminer dans sa racine première l'étymologie du mot *alouette*, m'ont amené à conclure que personne jusqu'ici ne l'a indiquée avec une entière certitude. La question, en effet, n'est pas de savoir si *alouette* est la transformation allongée de *alauda*, ce qui ne paraît pas douteux, mais d'où vient lui-même le mot *alauda*, et ce qu'il signifie ; en un mot : pourquoi l'alouette porte-t-elle le nom d'*alouette* ?

D'abord il est facile de suivre, dans les poètes du moyen âge et de la renaissance, la formation du mot *alouette*. Au treizième siècle, Guiart disait dans sa chronique rimée :

> Au matin il point que l'*aloe*
> Sa douce chansonnette loe.

Deux siècles plus tard, Alain Chartier empruntait à notre petit oiseau cette comparaison toute gauloise :

> Les biens mondains, les hommes, les gloires
> Qu'on aime tant, désire, prise et loue,
> Ne sont qu'abus et choses transitoires
> Plus tôt passant que le vol d'une *aloue*.

Et Dubartas, cent ans après, employait déjà le diminutif, l'ayant emprunté peut-être au mot *lodetta* de la langue italienne.

> La gentille *alouette* avec son tirelire,
> Tirelire, relire et tirelirant tire
> Vers la voute du ciel, puis son vol en ce lieu
> Vire et semble nous dire : adieu, adieu, adieu !

Ainsi, *alauda*, *aloe*, *aloue*, *alouette*, telle est, du latin jusqu'à nous, l'histoire des transformations de ce mot.

Quelle est maintenant la signification d'*alauda* ? Nous savons, par des témoignages écrits, que les Romains n'ont pas toujours employé ce mot pour désigner l'alouette. Ils la nommèrent d'abord *galerita* (avis galerita), ce qui signifie proprement oiseau coiffé d'un *galerum*, c'est-à-dire, d'une sorte de casque en peau non préparée ; vou-

lant désigner ainsi, sans doute, le petit bouquet de
plumes ou la crête qui décore la tête de l'alouette huppée.
C'est aussi ce caractère extérieur qui avait frappé les
Grecs, lesquels désignaient l'alouette par les mots κόρυδος,
κορυδαλός, κορυδαλλίς, dont la racine κόρυς signifie tout à la
fois *casque* et *tête couverte de cheveux*. Une preuve encore
que, par *galerita*, les Romains avaient bien l'intention de
dire *un oiseau à casque, un oiseau huppé*, c'est que le
même mot servait à désigner, peut-être même longtemps
auparavant, une légion, *legio galerita*, dont les casques
étaient couverts de peaux de bêtes et terminés par une
aigrette, ainsi qu'on le voit dans Pline (liv. **XI**, ch. ı):
« L'alouette se rend en gaulois par le mot *alaud*, d'où
ce nom a été donné à une légion romaine qui était désignée *anciennement* par le mot *galerita*, à cause de *la
crête* qui surmontait le casque des légionnaires. » Mar-
cellus Empiricus, Suétone, Grégoire de Tours attestent
également qu'*alauda* a été pris pour remplacer *galerita*.
« Avis galerita quæ gallice *alauda* dicitur, — la *galerita*
que les Gaulois appellent *alaud*, » dit le premier, et
Grégoire de Tours : « avis corydalus, quam *alaudam*
vocamus, — le corydalos, que nous appelons *alauda*. » Il
y a plus, c'est que la *legio galerita* fut remplacée aussi
par la *legio alauda*, ou plutôt par les *alaudæ*. Suétone
(Vie de César, ch. xxıv) dit expressément que César ajouta,
aux légions qu'il avait reçues de la république, d'autres
légions levées à ses frais, et entre autres une légion de
Gaulois qu'il organisa selon la discipline et la tenue des
Romains et qui porta le nom d'*alaudæ*. Il paraît même,
et ceci doit flatter quelque peu notre orgueil national,
que ces Gaulois n'étaient pas les plus mauvais soldats de
l'armée romaine : car Cicéron ne craint pas de les nommer sur le même rang que les vétérans : « Huc accedunt
alaudæ cæterique veterani. — On voit venir ici les
alaudes, et les *autres vétérans* (Philipp., 13, 2). »

Alauda est donc un mot gaulois latinisé. Quelle en est la signification? En le substituant au mot *galerita*, dont le sens est précis, les Romains ont-ils voulu représenter la même idée? *Alauda* est-il en gaulois la traduction de *galerita*, comme *galerita* traduisait exactement κορυδαλός? C'est ici que l'incertitude commence, et il faut bien dire qu'elle n'est pas médiocre.

A première vue, rien de plus facile. *Alauda* et *alouette* sembleraient venir du celtique *allweder*, *allwedez*, ou *allwedé*, qui eux-mêmes sont formés de *all* et *c'hweder* ou *hueder*, que le P. Lepelletier interprète de la manière suivante :

« *All* semble être, dit-il, la même chose que *alli*, avertissement, et ce mot pourrait bien entrer dans le nom de cet oiseau dont le chant avertit le laboureur du temps propre au travail.

D'a clevet au allwedez
Orcand d'en goulou dez,

ce qui veut dire : « à écouter l'alouette lorsqu'elle chante au point du jour. » On a vu d'ailleurs, par les vers de Guiart, cités plus haut, et mieux encore, on sait, par le témoignage des gens de la campagne, que l'alouette chante dès le point du jour.

« L'alouette est la fille du jour, dit Michelet. Dès qu'il « commence, quand l'horizon s'empourpre et que le « soleil va paraître, elle part du sillon comme une flèche « et porte au ciel l'hymne de joie. »

Mais pour que cette explication de *all* fût admise, il faudrait qu'elle fût d'autre part fortifiée par le sens de *weder*, qui est, dit le P. Lepelletier, *le fond du composé*. Or, *ec'hweder*, *chweder*, ou *huëder* tout seul, désignent aussi l'alouette. Et Davies, auteur cité par le P. Lepelletier, fait dériver *huëder* de *ehuëdyz* et *huëdid*, composé de *hu*, bonnet poilu, et *ehediad* ou *hediad*, volatile, ce qui voudrait dire *volatile à coiffure*, comme *galerita* et κορυδαλός. Que devient alors la préfixe *all*, avec sa signification *d'avertissement?* Il me semble que nous en voici fort éloignés.

Toutefois, je dois ajouter que le P. Lepelletier ne se trouve pas lui-même tellement assuré de son explication qu'il n'ait cru devoir en risquer une autre. « Car, dit-il, « puisque le nom breton de cet oiseau est si diversifié, « on peut en donner diverses étymologies. *Uc'heder* et « *uhedez* seraient faits d'*uc'h*, haut, et de *hediad*, que « l'on a expliqué ci-dessus. Ce petit oiseau vole et chante « fort haut. Il faut observer que le nom *hediad* est dérivé « de *hedi, ehed, volare*, voler. *Hedez* est proprement un « substantif qui doit signifier *vol.* » Ici la particule *all* ne serait pas déplacée, et *allwedez* indiquerait alors l'oiseau qui *vole en avertissant*, en *donnant un signal.*

Je ne rapporte ensuite que pour mémoire une autre étymologie du même P. Lepelletier, qui ferait venir *all'hweder* de *c'hwita*, siffler, et *c'hwiter*, siffleur ; ou bien encore *ec'hweder* de *aës* aisément, et du même *c'hwiter*, « ce qui convient, dit-il, à l'alouette. » Comment? C'est ce qu'il a négligé de nous dire. Je sais que l'alouette apprend aisément à répéter les airs qu'elle entend ; mais il est impossible que les vieux Celtes aient pensé à tirer le nom de l'alouette d'une particularité qu'ils n'ont pas dû découvrir tout d'abord. Or il tombe sous le sens, et c'est un axiome de la science étymologique, que la langue populaire a cherché les noms des animaux dans leurs caractères, leurs qualités, leurs habitudes les plus communes et les plus faciles à percevoir. C'est en partant de ce principe que je suis porté à donner à *allweder* ou *alc'hweder* la signification de *oiseau avertisseur, oiseau signal*, dont le chant est le *premier signe* de l'approche du jour et comme le *premier cri* de la terre à son réveil.

C'est peut-être aussi dans cet ordre d'idées qu'il faut aller chercher l'explication d'une tradition qui ferait de l'alouette une sorte d'oiseau national chez les Gaulois. « Jules César, dit M. Michelet, dans son *Histoire romaine*, « engagea à tout prix les meilleurs guerriers gaulois dans « ses légions, il en composa une légion tout entière « dont les soldats portaient une alouette sur leur casque « et qu'on appelait pour cette raison l'*alauda*. Sous cet « emblème *tout national* de la vigilance matinale et de la « vive gaieté, ces intrépides soldats passèrent les Alpes « en chantant et jusqu'à Pharsale poursuivirent de leurs « défis les taciturnes légions de Pompée. L'alouette gau- « loise conduite par l'aigle romaine prit Rome une se- « conde fois. »

Ce n'est là, il est vrai, qu'une tradition, mais il faut bien qu'elle ait un fond de vérité pour subsister même en l'absence de textes positifs. Qui sait? peut-être que le cri de l'alouette était pour nos ancêtres, les héros de l'indépendance gauloise, un signe de reconnaissance et de ralliement, comme le cri de la chouette chez les Vendéens et les Bretons pendant les guerres de la Révolution. De nos jours encore, les intrépides habitants de l'Helvétie, si fiers et si jaloux de leur liberté, n'ont-ils pas introduit dans leurs hymnes guerriers le chant de l'alouette? En faisant redire à leurs fifres ce chant vif et perçant, ils semblent vouloir donner à leurs mouvements militaires la prestesse et l'élan rapide de l'alouette. N'est-ce pas aussi un souvenir et un symbole de leur antique indépendance? Quel oiseau d'ailleurs représente mieux que celui-ci toutes les nobles vertus d'un peuple qui lutte pour son indépendance? Cette vigilance qui n'est jamais en défaut, et qui déjoue tous les piéges de l'ennemi; cette vivacité de mouvements, ce vol infatigable de la terre au ciel et du ciel à la terre, tout enfin, jusqu'à ce chant joyeux qui ne se tait point même en présence du péril, n'est-il point ici l'image vivante de l'espérance et de la gaieté dans les combats? Quel oiseau convenait mieux pour représenter ces intrépides Gaulois devenus plus tard les joyeux et rapides fantassins de nos armées françaises?

Quoi qu'il en soit de ces hypothèses qui n'ont rien d'improbable, le nom *alauda,* donné à une légion gauloise, comme pour laisser aux vaincus la consolation d'un souvenir national, prouve que l'alouette avait à un titre ou à un autre une grande importance chez les Gaulois. Aussi je ne suis point étonné que J. Goropius-Bécan ait basé sur cette idée l'étymologie d'*alauda,* qui viendrait, suivant lui, de *all* ou *al,* tout, et *aut* ou *aud,* antique, ce qu'il explique, en disant que l'alouette était pour les Gaulois comme le *premier* de tous les oiseaux, et par suite *le plus apprécié,* l'oiseau *par excellence.* Malgré l'autorité d'Hauteserre cité par Ménage, cette étymologie de Bécan ne me paraît pas être la bonne. Il est bien évident que l'on n'a pas dû commencer par nommer l'alouette oiseau *antique*; et d'autre part, si le mot latin *antiquus,* ou plutôt *antiquissimus,* a quelquefois le sens d'*apprécié, estimé, sacré,* le mot *antique* en français ne l'a point du tout, et J. Goropius-Bécan ne s'aventurerait point à l'affirmer non plus du celtique *aut* ou *aud.* En sorte que cette étymologie repose tout entière sur une sorte de calembourg dont le sel s'évapore quand on fait passer en français ou en celtique le latin de J. Goropius-Bécan.

Pour en finir avec cette discussion déjà fort longue, je mentionnerai encore une opinion qui fait venir *alauda,* assez capricieusement, de *a laude.*

Plusieurs naturalistes, entre autres Schwenckfeld et Klein, ont soutenu cette opinion.

Les alouettes, en effet, s'élèvent à des hauteurs considérables en faisant entendre un chant agréable; plus elles montent, plus elles étendent leur voix, de sorte que lorsqu'elles disparaissent à nos regards, nous les entendons encore très-distinctement. Elles redescendent ensuite en chantant, et diminuent graduellement la puissance de leur voix jusqu'à ce qu'elles se soient posées à terre. Elles répètent cette ascension un certain nombre de fois, particulièrement le matin et le soir.

Les auteurs que nous venons de nommer ont cru que ces ascensions étaient au nombre de sept, et que les alouettes accomplissaient ainsi le vœu du Roi-Prophète, qui demandait à célébrer les louanges du Seigneur sept fois le jour (Ps. 118) : *Septies in die laudem dixi tibi*. Il leur a semblé que ces oiseaux portaient vers le ciel l'hommage de la reconnaissance des créatures, et qu'ils exprimaient en redescendant leur satisfaction d'avoir accompli un devoir imposé à tout être qui se montre sensible aux bienfaits du Créateur.

Les paysans bas-bretons attribuent au vol perpendiculaire de l'alouette un autre motif. Voici la légende que je lis dans l'ouvrage intitulé *Barzaz-Breiz*[1]. « Les paysans bas-bretons, dans leur poétique naïveté, se figurent que les âmes montent au ciel sous la forme d'une alouette. Comme je suivais un jour de l'œil un de ces oiseaux qui s'élevait en chantant dans les airs, un vieux laboureur, qui charruait à quelques pas de moi, s'arrêta ; et s'appuyant sur les bras de son instrument aratoire, me dit : « Je parie que vous ne savez pas ce qu'elle dit ? » Je l'avouai. « Eh ! bien, ajouta-t-il, voici ce qu'elle chante :

Sant Per digor ann nor d'in
Saint Pierre ouvre la porte à moi
Birwiken na béc'hinn !
Jamais je ne pécherai !
Na béc'hinn, na béc'hinn !
Je ne pécherai, je ne pécherai !

---

[1] *Poésies bretonnes*, par Th. Hersart de la Villemarqué.

Nous allons voir si on lui ouvre, dit le paysan. » Au bout de quelques minutes comme l'oiseau descendait, il s'écria : « Non, elle a trop péché ; voyez comme elle est de mauvaise humeur, l'entendez-vous la méchante, répéter

Péc'hinn ! péc'hinn ! péc'hinn !
Je pécherai ! je pécherai ! je pécherai ! »

Pour justifier leur opinion, Klein et Schwenckfeld pensèrent que le mot *alauda* était composé de *a* et de *laude* qui vient de *laus*, louange, ou *laudare*, célébrer les louanges, et signifiait : *oiseau qui chante* et *redit les louanges*. Leur opinion pouvait s'appuyer aussi sur le mot *allaudare*, louer beaucoup et souvent.

Peut-être ces auteurs avaient-ils été portés à admettre cette étymologie, plus pieuse que réelle, en observant que les alouettes font entendre très-rarement leur véritable chant lorsqu'elles sont à terre, et qu'en redoublant l'éclat de leur voix elles la rendent plus harmonieuse, à mesure qu'elles s'approchent du ciel. Ce qui avait pu fortifier encore leur opinion, c'est que l'alouette est le seul de tous les oiseaux qui chante en s'élevant perpendiculairement vers le ciel. La farlouse fait bien entendre un chant très-vif dans les airs, mais c'est toujours lorsqu'elle redescend vers la terre et son chant devient plus accentué à mesure que le mâle s'approche du nid de sa couveuse. Un sentiment d'amour est donc le motif qui inspire ses accents. Nos deux auteurs ont cru pouvoir trouver au chant de l'alouette un motif plus délicat et presque surnaturel.

Le sens attaché au vieux mot *alouser* pourrait corroborer dans une certaine mesure l'opinion précédente, comme on a pu le remarquer dans les vers d'Alain Chartier, cités précédemment.

En effet du mot *alauda* on a pu former le nom *aloue*

et le verbe *alouser*, signifiant tout à la fois *louer* et *acquérir renom*.

Ainsi, *alouser* désignait autrefois l'action de tous ceux qui désiraient plaire et acquérir un renom, qui remplissaient le rôle de flatteurs. On le prenait aussi dans un autre sens : celui de se complaire en soi-même, de chercher à surpasser les autres.

Ces deux dernières acceptions conviennent également à l'alouette. En effet, soit pour dissimuler sa présence et échapper à ses ennemis, soit pour attirer les regards et comme pour acquérir du renom, l'alouette non-seulement imite le chant des autres oiseaux lorsqu'elle est à terre, mais elle le travaille, l'embellit et se permet des variantes dans lesquelles elle se complaît. Dans ce cas, elle ne donne pas la louange, elle paraît la rechercher et vouloir *acquérir renom*. Elle s'attache aussi avec passion aux objets qui peuvent refléter son image ; elle aime à s'y contempler, et cette funeste complaisance est pour elle, comme pour beaucoup d'autres, la cause de sa perte. Les chasseurs, profitant de cet instinct, ont eu la pensée de placer, dans les pays où les alouettes sont abondantes, des miroirs mobiles sur un pied fixé, et de les faire mouvoir avec une corde. Les alouettes arrivent bientôt en grand nombre, voltigent autour de cet appareil en poussant un petit cri de joie, se contemplent dans toutes les subdivisions des miroirs, et finissent par se poser à terre afin de pouvoir prolonger leur satisfaction plus longtemps et sans fatigue. Là, elles trouvent la récompense de leur vanité : le filet et la mort. Cette chasse se fait au lever du soleil et produit des résultats très-fructueux. Que de victimes ne ferait-elle pas si elle était appliquée avec toutes ses conséquences à l'espèce humaine ?

Les alouettes qui recherchent avec tant de passion les miroirs, cause de leur mort, manifestent une crainte très-vive à l'approche des oiseaux de proie, et surtout de l'épervier. Pour se dérober aux serres de ce rapace, elles se précipitent dans toute espèce de piéges ; toute mort leur paraît préférable à celle qui est donnée par le *falco-nisus*. Les anciens ont cherché à expliquer cette appréhension excessive par un fait mythologique.

Scylla, fille de Nisus, roi de Mégare, coupa à son père les cheveux d'or dont dépendait le salut de sa patrie, et livra ainsi son père et son pays à Minos qu'elle aimait éperdûment. Le malheureux père voulut punir sa fille ; mais celle-ci se trouva aussitôt métamorphosée en alouette, et lui-même fut changé en épervier.

Tout le monde connaît ces beaux vers de Virgile :

> Apparet liquido sublimis in aere Nisus,
> Et pro purpureo pœnas dat Scylla capillo.
> Quæcumque illa levem fugiens secat æthera pennis.
> Ecce inimicus, atrox, magno stridore per auras
> Insequitur Nisus ; qua se fert Nisus ad auras,
> Illa levem fugiens raptim secat æthera pennis.
>
> (Géorgiques, livre I, v. 404-9.)

> Tantôt l'affreux Nisus, avide de vengeance,
> Sur sa fille à grand bruit, du haut des cieux s'élance.
> Scylla vole et fend l'air, Nisus vole et la suit,
> Scylla, plus prompte encore, se détourne et s'enfuit.
>
> (Delille.)

Cette fable, en même temps qu'elle faisait connaître, du point de vue de la mythologie, la cause de la crainte extraordinaire que ressentent les alouettes à l'approche du *falco-nisus*, semblait expliquer aussi, par la métamorphose de Scylla qui, de femme devenue alouette, aurait conservé quelques restes des penchants naturels au beau sexe, la complaisance avec laquelle ces oiseaux aiment à se contempler dans les miroirs. Mais ce n'est là qu'une fable. Pour se dérober à la poursuite de l'épervier, les alouettes s'élèvent perpendiculairement à des hauteurs prodigieuses, qui dépassent souvent 1,000 mètres. Comme tous les faibles et les opprimés, elles cherchent secours, espérance et consolation en s'approchant du ciel. Plus elles s'élèvent, plus leur chant revêt le caractère de la prière ; elles semblent chercher un asile là où l'innocence se repose et où l'iniquité ne peut pénétrer. Cette confiance n'est pas inutile, car ces ascensions préservent souvent les alouettes de la mort. Les rapaces ne peuvent suivre leur proie dans ce vol inaccoutumé pour eux, et sont condamnés à décrire des cercles autour des alouettes et à attendre qu'elles redescendent vers la terre. Dieu, encore, y veillera sur elles : en effet, fatiguées par ce vol hardi et continu, les alouettes retombent des hauteurs de l'air avec la vitesse d'une balle, puis elles se blottissent sous une motte de terre où sous une touffe d'herbe. Là, leur immobilité et la nuance sombre de leur plumage qui s'harmonisent avec le refuge qu'elles ont choisi, les dérobe aux regards de leurs persécuteurs.

Victimes des oiseaux de proie de toutes les formes, les alouettes trouvent encore un ennemi persévérant dans le coucou. En effet, il mange leurs œufs et dépose ensuite dans le nid un œuf qui sera couvé avec soin et donnera naissance à un nouveau persécuteur. Cependant, malgré toutes ces causes de destruction et les quantités incalculables d'alouettes capturées pendant la saison des neiges, ces oiseaux apparaissent en hiver, et surtout dans les pays de plaines, par légions innombrables.

La Providence veille sur elles dans l'intérêt du pays où elles habitent.

Les alouettes se tiennent ordinairement à terre, et ne peuvent se percher que très-difficilement.

Elles ont trois doigts en avant et un en arrière.

Le doigt externe est soudé à la base avec le médium et ne permet pas à l'oiseau de saisir fortement la branche ou l'appui sur lequel il voudrait se reposer.

Le doigt placé en arrière est armé d'un ongle plus long que le doigt lui-même et très-fort.

La plupart des naturalistes n'ont vu dans cet ongle qu'un embarras, tandis qu'il est pour l'alouette un bienfait de Dieu.

D'un naturel timide et sans défiance contre ses nombreux ennemis, l'alouette ne peut pas même leur échapper par son vol. Pour vivre, elle doit dissimuler sa présence. Afin d'atteindre ce but, elle ne fait que très rarement entendre, comme je l'ai dit, son véritable chant lorsqu'elle est à terre ; mais elle se plaît, au contraire, à tromper ses ennemis en contrefaisant la voix des autres oiseaux. Sa couleur uniforme et fauve se confond facilement avec les nuances des sillons ou même avec les terrains sablonneux qu'elle recherche de préférence. Sa course au milieu de ces sillons pourrait encore la trahir, et sans son ongle elle serait souvent découverte et perdue. Aussi, toutes les fois qu'un péril se manifeste, l'alouette s'arrête, se tapit le long des mottes, même les plus irrégulières, et se tient immobile et en quelque sorte suspendue en enfonçant dans la terre son ongle qui lui sert d'appui et de *miséricorde*. Avec ce puissant secours, elle peut conserver longtemps une position qui, sans cela, lui serait impossible. Cet ongle est encore pour l'alouette d'une grande utilité dans ses courses à travers les terres labourées ou les sables des déserts ; en augmentant considérablement la base de son pied, il lui donne beaucoup plus de solidité et facilite ses excursions pénibles et continues à la recherche de sa nourriture.

Enfin, pour réparer les pertes nombreuses que tant de périls occasionnent dans les rangs des alouettes, Dieu a doué ces oiseaux d'une grande fécondité ; elles font deux, trois et même quatre couvées par an, surtout au milieu des déserts où leur présence est plus nécessaire encore que partout ailleurs, car elles y détruisent ces myriades de sauterelles qui deviennent de temps en temps de véritables fléaux.

Il serait très curieux d'étudier et de constater si ces nuées de sauterelles qui s'échappent de l'Afrique pour porter au loin la dévastation, la famine et la peste, ne manifestent pas leur présence après les hivers rigoureux et abondants en neige, pendant lesquels les alouettes succombent en plus grande quantité. S'il en était ainsi, les services rendus par les alouettes seraient démontrés d'une manière plus rigoureuse et .plus intéressante, et dès lors il deviendrait difficile de justifier les arrêtés qui proscrivent les alouettes sous le nom d'animaux destructeurs et *nuisibles*.

Avant d'étudier en particulier chaque espèce d'alouette, ce serait ici le lieu de discuter la valeur d'une remarque faite par plusieurs personnes, et notamment par François Pithou dans son *Glossaire sur les Capitulaires de Charlemagne :* à savoir qu'il y a un rapport marqué, quant à la forme, entre *alauda* et *allodium ;* d'où Pithou n'hésite pas à donner *alauda* pour racine à *allodium*. A première vue, cette affirmation ne manque pas de vraisemblance. De même, en effet, qu'on trouve en français *alleu* et *aleu*, on lit en latin *alodium, allodium* et, chose bien remarquable, *alaudium* et *allaudium*. Les deux *ll* n'établissent donc pas une différence importante, et, d'autre part, l'*o*, transition entre l'*au* d'*alauda* et l'*ou* d'*alouette*, subsiste dans le mot *alodetta*, qui est encore employé pour signifier *alouette* par les habitants de la Lombardie.

Dans cette hypothèse, Pithou fait dériver *allodium* ou *alaudium* de l'étymologie déjà citée de J. Goropius Becan, *al—aud*, parce que l'*allodium* ou l'*alleu* en français était une terre qui donnait toute la considération attachée à une propriété antique : « *Quasi omnino antiqua sit et* « *hœreditas aviatica ; vel forsan alludere videtur ad hu-* « *jus aviculœ morem in symbolis plerumque usurpa-*

« *tum, quæ ut a terra sese elevans post aliquot crispante*
« *voce versiculos decantatos felici epodo Deum laudat,*
« *ita allodium sit terra sublimior veluti quæ solum Deum*
« *ratione dominii recognoscat superiorem.* » — « Comme
« si le mot *alleu* désignait la possession primordiale
« tenue par héritage des aïeux ; ou bien comme si l'on
« voulait faire allusion aux mœurs de l'alouette qui sont
« souvent employées d'une manière symbolique. Cet oi-
« seau, lorsqu'il s'élève de terre, fait entendre des airs
« joyeux comme pour louer Dieu ; de même l'*alleu* est
« une terre élevée au-dessus des autres et qui ne recon-
« naît que Dieu seul pour propriétaire. » En d'autres
termes, afin d'éclaircir la phrase tant soit peu embar-
rassée de l'auteur, l'*alouette* ou l'*allouette*, chez les
Gaulois, avait été l'oiseau *antique, primordial,* c'est-à-
dire *supérieur à tous les autres* par son vol et son chant
réunis, car il est le seul qui, en chantant, s'élève ainsi dans
les airs ; et pareillement, l'*alleu*, après la conquête, aurait
été la terre *antique, primordiale,* dont la possession l'*em-*
portait sur toutes les autres, et dont le propriétaire ne
relevait que de Dieu. L'on conçoit que dans cette hypothèse, si *allodium* ne dérive pas précisément d'*alauda,*
et *alleu* d'*alouette*, ces différents mots appartiennent à
une souche commune, ce qui revient au même.

L'étymologie précédente soulève une objection, comme
je l'ai dit plus haut. C'est qu'il faudrait prouver qu'en
celtique l'idée d'*ancien, d'antique,* a emporté, comme en
grec et en latin, celle de *vénérable,* de *plus grand,* de *plus*
important, de *supérieur.* La chose n'est pas impossible.
Quoi qu'il en soit, l'opinion de F. Pithou, relative à la
communauté d'origine existant entre *allodium* et *alouette*
me semblerait pouvoir être, jusqu'à un certain point,
confirmée par une remarque qui m'est personnelle, et
que je tire des noms *Alleuds, Alaudière,* donnés à quelques endroits en France.

Dans le département de Maine-et-Loire, la commune
Les Alleuds est située dans une contrée où les alouettes
sont en si grande quantité, que dans la discussion de la
nouvelle loi sur la chasse, il a été question de faire une
exception en faveur de ce pays. Il eût été permis aux habitants de prendre des alouettes dans les temps de neige,
motivant ce privilége sur les pertes qu'occasionnerait
aux fermiers l'application de la loi générale. Un très
grand nombre d'entre eux, en effet, capturent pendant
l'hiver des quantités innombrables d'alouettes, dont le
prix s'élève à plusieurs centaines de francs pour chaque
villageois. Ici, au moins, le mot *Alleuds* me paraît signifier bien évidemment portion de terre habitée, recherchée par les *alouettes*. Le mot *alleu*, en général, ne saurait avoir un sens aussi restreint : vient-il toutefois de la
même racine qu'*alouette*, comme l'a prétendu l'écrivain
cité plus haut?

D'abord, il faut le dire, un certain nombre d'auteurs
font dériver le mot *alleu* de l'allemand *all*, tout, et *od*,
propriété. Si l'on admet leur étymologie, il est clair qu'il
ne saurait y avoir qu'un rapport fortuit de son entre les
deux mots qui nous occupent. Mais rien ne démontre
qu'il faille s'en tenir à cette supposition. D'autres font
venir *alleu* de *a* et de *loos* ou *los*, signifiant dans l'ancienne
langue allemande *sort*, *partage*, *lot*. Il est remarquable
que cette étymologie coïncide avec celle que fournit le
P. Lepelletier. « Le terme de jurisconsulte *allodium* est,
dit-il à l'article *laut*, régulièrement formé du breton
al-loden, la part, la portion, le partage. *Al* est l'article,
loden est le nom correspondant au verbe *loden*, *lawden*,
laoden, dérivé de *laut*, *laot*, ou *lot*, qui signifie *part*, *portion*, *lot*. » Le mot français, le même dans les deux tra-
ductions et dérivé de l'une et de l'autre source, prouve
la conformité de la racine. Cette similitude n'eût-elle pas
existé, les Francs ont nécessairement emprunté aux

Gaulois une foule de locutions, et il eût été fort possible
que, voulant exprimer une propriété exempte de toute
servitude, les vainqueurs eussent emprunté un mot formé
d'éléments appartenant à l'idiome des vaincus, afin de se
faire mieux comprendre d'eux. A plus forte raison l'ont-
ils pu faire dans le cas présent, où ils avaient l'avantage
de trouver un terme d'origine identique dans leur propre
langue. *Alouette*, maintenant, proviendrait-il aussi de
al-loden? Je laisse à de plus versés que moi dans la connaissance du celtique le soin de trancher cette question.
A en juger par le provençal *lautzo*, abréviation de *alauso*,
et par l'italien *lodola*, abréviation de *allodola*, on penche-
rait pour l'affirmation. Ces formes nous mènent loin d'*al-
chwedé*, et surtout de *huider*. Pourquoi le latin aurait-il
été calqué sur ce mot du dialecte breton, et non sur un
mot du dialecte aquitain? Lors même que, contrairement à
l'opinion de M. Granier de Cassagnac, on soutiendrait que
lodola et *lauzo* [1] ne sont que des corruptions du latin
même, il serait encore très-probable que les Celtes Aqui-
tains fussent demeurés assez fidèles au génie de leur langue
pour que la partie principale du mot se fût le plus exactement conservée, et il paraîtrait difficile de n'y pas reconnaître une racine analogue à *laut* et *loden* ou *lawden*.
En admettant donc, d'une part, la communauté d'origine assignée aux termes *alleu* et *alouette* par F. Pithou,
et de l'autre l'étymologie mieux fondée d'*alleu* fournie par
le P. Lepelletier, n'y aurait-il pas quelques inductions à
tirer de ce nouveau point de vue?

Si *alleu* veut dire la *part*, la *portion*, la *propriété par
excellence*, que pouvait, en suivant la même idée, signifier *alouette*? *L'oiseau spécialement attaché à la pro-*

---

[1] Cité, ainsi que *lauzetto*, par M. Granier de Cassagnac, dans son
opuscule intitulé : *Antiquité des patois, antériorité de la langue française sur le latin*, p. 31-32. Paris, Dentu, éditeur.

priété? L'on allègue que l'alouette est un oiseau de passage. Il n'en est pas moins vrai qu'il s'arrête de préférence, comme j'en ai fait la remarque, dans telle ou telle localité. Les Gaulois ont-ils été, par l'abondance des alouettes, portés à croire qu'elles affectionnaient particulièrement certaines parties remarquables de leurs possessions? Les ont-ils, en quelque sorte, identifiées avec leur territoire? A supposer qu'ils eussent voulu, dès le principe, symboliser l'indépendance, la supériorité, à quelque point de vue que ce fût, de la terre aussi bien que des hommes, ils n'auraient pu choisir un oiseau qui leur en offrît de plus puissants moyens que l'alouette cochevis, au visage de coq, semblable par la crête à cet animal autre emblème de la vigilance matinale comme lui, mais bien supérieure à lui par ce vol audacieux et ce chant unique que j'ai déjà plusieurs fois caractérisés. Et c'est pourquoi, sans doute, ils ont fait de l'alouette un de leurs insignes nationaux, et, soit de leur propre mouvement, soit par l'effet des circonstances, se sont, nous l'avons dit, appelés de son nom en servant à l'étranger.

Au reste, le P. Lepelletier ouvre le champ à une tout autre explication. « Le mot latin *laus*, louange, peut encore, dit-il, être notre *lawden*, comme en hébreu *eleq* signifie *partager* et *louer*, ou *complimenter, gracieuser* de belles paroles, *flatter*. » Une chose curieuse, en effet, c'est que, dans un grand nombre de langues, une parenté originelle semble avoir embrassé les mots qui exprimaient l'idée de *placer*, à part ou ensemble, par conséquent de *diviser*, de *séparer* ou de *réunir*, et ceux qui exprimaient l'idée de *dire*, de *parler*, de *louer*. Cela est frappant en grec : λέγω, y signifie tout à la fois *dire, parler, rassembler* et *coucher* : d'où λόγος, discours, et λόχος, armée, embuscade, accouchement. En latin, une affinité semblable relie *loqui, locutus* et *locare, locus*, pluriel *loci; laus*, par cette dernière forme, se rattache à la même racine primitive, et, comme l'a très-bien vu le savant auteur du dictionnaire breton, se rapproche du celtique *laut, laoden*, comme de l'allemand *loos* ou *los*. Notre mot *louer* a une double signification analogue, indiquée, dans les deux sens différents, par les mots *louange* et *lot*. Il semble que le langage ait été considéré, dès la plus haute antiquité, comme un instrument de distinction, de distribution, que *parler* soit mettre chaque chose à sa place, et *louer*, assigner à chacun le *lot*, la *part* qui lui est due. Cette analogie si frappante dans les langues primitives serait-elle fondée sur le souvenir de la Bible? *Dixit et facta sunt*. « Dieu dit, et toutes choses furent créées et occupèrent la place déterminée par la volonté du Créateur. » Est-ce sous l'influence de cette pensée, qu'en grec et dans d'autres idiomes, la même expression a été employée pour signifier, comme je l'ai dit ci-dessus, *parler* et *mettre au jour*? Ceux qui ont créé les langues primitives ont-ils voulu refléter dans leurs idiomes cette puissance de Dieu qui les avait frappés? La personnification la plus entière de la volonté et de la puissance divine, s'est appelée d'après les desseins du Tout-Puissant, *Verbe*, parole par excellence. Ce *Verbe*, cette *Parole par excellence*, s'est nommé lui-même la *Vérité: ego sum Veritas*. Donc d'après Dieu, la parole est et doit être l'expression, la personnification de la vérité. Parler est donc envisager chaque fait, chaque chose, chaque personne sous son véritable point de vue; c'est donc distribuer à chaque fait, à chaque chose, à chaque personne la louange et le blâme qui lui sont dûs selon les circonstances; c'est donc faire à chaque chose, à chaque être, sa véritable *part*, lui concéder son véritable *lot*. Il n'est donc pas étonnant que *lawden* ait signifié chez les Celtes *partager* et *louer* Or voici ce que l'on peut se figurer, non sans vraisemblance, avoir eu lieu. Le mot *alouette* serait, à l'origine, dérivé de la racine *lawden*, prise dans le sens de *louer*. Alors *alouette* aurait signifié *oiseau qui loue*, qui célèbre soit l'auteur de la lumière, soit le retour de la clarté, la naissance du jour, si l'on jugeait trop mystique l'interprétation adoptée par plusieurs modernes, et précisément fondée sur le rapprochement d'*alauda* et de *laudare*. Ou bien il aurait signifié l'oiseau qui, par l'élévation de son vol et l'ardeur de son chant, cherchait à s'attirer la louange. Le mot *alleu*, postérieurement, serait venu de la même racine prise dans le sens de *partager*. Dès lors s'expliquerait le rapport existant, non-seulement entre *alleu* et *alouette*, mais encore entre plusieurs autres mots indiqués précédemment, et *aloue, alouser, allouer, alauso, lauzetto*, etc. Je donne ces conjectures sous toutes réserves. Néanmoins et dans tous les cas, je crois pouvoir maintenir que *les alleuds*, nom attribué à certaines localités, notamment en Anjou, ont avec les *alouettes* un rapport direct.

J'ai dû examiner chacune des hypothèses précédentes, ne fût-ce que pour exercer la sagacité des personnes qui aiment les problèmes d'une solution difficile. Dans un temps où les recherches historiques sont en si grand honneur, nul ne me reprochera, je l'espère, de m'être étendu sur un sujet qui n'intéresse pas uniquement la science ornithologique, mais qui se lie étroitement à l'étude même de nos origines nationales.

Pour résumer cette dissertation, dans laquelle j'ai déroulé le tableau de bien des opinions différentes, je crois avec Court de Gebelin, dans son ouvrage du *Monde primitif*, que le mot *alauda* est un composé de deux expressions gauloises : *al*, s'élever, et *aud* chant, et signifiant mot à mot *oiseau qui s'élève en chantant*, ce qui caractérise très-bien l'alouette. « *Al-auda*, alouette, nom « que les Romains empruntèrent des Gaulois ; il fut très- « expressif ; formé de *al* s'élever et *aud* chant, mot à mot :

« qui s'élève en chantant, ce qui caractérise cet oiseau [1]. »

Enfin une dernière hypothèse pourrait faire dériver *alouette* de deux anciens mots celtiques, *al*, le, et *laouën*, joyeux, dans ce cas l'alouette signifierait *l'oiseau de la gaieté*, et il eût alors très-bien convenu pour symboliser l'entrain des soldats gaulois et devenir notre emblème militaire et national.

Pour ceux qui auraient cru trouver dans la langue bretonne l'origine du mot *alouette*, la dernière étymologie que je viens de donner pourrait peut-être se fortifier encore par le mot dont se servent les Bretons pour désigner les pouillots, les roitelets et tous les petits oiseaux qui se font remarquer par leur agilité, leur chant joyeux, leurs mouvements continuels. Ils les appellent *laouënan*, de *laouën*, joyeux, et *an* pour *ezn*, volatiles, c'est-à-dire *joyeux oiseaux*, *oiseaux de la gaieté*. Or si une pareille expression peut être appliquée avec raison à un oiseau, c'est surtout à l'alouette qui à tous ces titres de la gaieté, du chant, du vol, pourrait parfaitement être appelée *l'oiseau de la joie*.

Si, laissant de côté la terminaison *an*, on prenait pour racine du mot alouette, l'article *al* et le substantif *laouën*, on obtiendrait : l'oiseau joyeux par excellence, comme je l'ai dit, et l'on pourrait suivre plus facilement encore la formation du mot alouette dans ses modifications successives, de *allouën* ou *alouën* en *aloe*, *aloue* et *alouette*.

ALOUETTE COCHEVIS. — ALAUDA CRISTATA.

Les alouettes ont beaucoup de traits de ressemblance avec les pipits ; mais elles s'en éloignent par une taille moins élancée, une queue courte et une tête plate et arrondie. Le genre renferme un grand nombre d'es-

[1] *Diction. étym.* de Court de Gebelin.

pèces dont quatre viennent chaque année se reproduire en Anjou.

L'alouette *cochevis*, appelée en grec κόρυς, et κορυδαλός, et en latin *cristata*, huppée, doit son nom au petit bouquet de plumes étagées qui surmonte, comme une *crête de coq*, la tête du mâle et de la femelle, et représente assez bien un triangle. Le mot *cochevis* est composé *de coche* pour *coq* et de *vis*, ancien substantif qui était employé pour signifier *visage*.

Le roman de la Rose en parlant de Narcisse, dit :

> Il vit en l'eau claire et nette
> Son *vis*, son nez et sa bouchette.

Ainsi *cochevis* veut donc dire, *visage de coq*, ressemblance de coq.

Ce nom n'avait-il été donné à cette alouette qu'à cause de la huppe qu'elle porte ? Sa ressemblance avec le coq n'était-elle pas aussi fondée sur sa vigilance et sur son chant matinal ?

Ces conirostres élèvent et abaissent à volonté cette huppe, selon les impressions qu'ils éprouvent.

L'alouette cochevis se trouve très-souvent sur les routes; elle cherche dans les excréments des animaux les grains d'avoine non digérés.

A l'approche des passants elle ne manifeste qu'une faible crainte, et, sans avoir recours au vol, elle s'éloigne d'eux en courant avec une rapidité et une grâce semblables à celles qu'on admire dans la démarche des goëlands et des mouettes. Cette grâce et cette légèreté sont un des priviléges de presque tous les oiseaux qui ne sont pas conformés pour se percher. Ne pouvant, dans leur fuite, se dérober à leurs ennemis en se reposant et en se cachant sur les branches et sous le feuillage des arbres, ils seraient condamnés à un vol continu et très-fatigant, si la Providence ne leur avait donné une ressource puissante dans leur course rapide dont les avantages s'accroissent encore par un exercice incessant.

L'alouette cochevis se tient sur les côtés de la route pendant quelques instants pour laisser circuler les voyageurs, et revient ensuite continuer ses investigations. Si la route est étroite et que l'alouette juge être trop près des hommes, elle voltige, se pose sur les murs ou sur quelque monticule, attend avec calme et patience l'éloignement de ses ennemis pour reprendre ensuite sa première occupation. Cette alouette ne vit pas en troupes nombreuses comme l'alouette des champs, mais on la trouve en petites bandes qui semblent être la réunion des différentes générations d'une même famille. Dans ce cas, un des membres les plus âgés ou les plus expérimentés se tient ordinairement en sentinelle sur un point culminant, et fait entendre de temps en temps un signal pour prévenir ses congénères de veiller avec persévérance, et de fuir quand le péril se manifeste. Alors tous les individus de la bande jettent un petit cri qui semble être un signe d'acquiescement à l'avertissement reçu et en même temps un mot d'ordre répété aux retardataires et aux insouciants. Dans leur fuite, ces alouettes s'élèvent à une petite hauteur par des bonds multipliés.

Leur vol saccadé et leur taille peu élancée donnent à ces oiseaux une certaine ressemblance avec les rapaces nocturnes.

Les alouettes sont des oiseaux pulvérateurs, caractère qui les rapproche des gallinacés, et explique pourquoi elles recherchent les terrains sablonneux.

Elles vivent de graines et d'œufs, de fourmis et de sauterelles.

Le cochevis niche à terre, choisit un pas de bœuf ou de cheval, et y réunit quelques brins d'herbe sur lesquels la femelle dépose quatre ou cinq œufs.

Quelquefois il place son nid au milieu d'une touffe

d'herbe ou dans les blés. Ces œufs sont d'un gris roussâtre ou jaunâtre, ou d'un cendré clair parsemé de taches ou de points bruns et roussâtres. Ils portent assez souvent une couronne vers le gros bout.

On trouve fréquemment une variété d'œufs plus gros, plus colorés et plus luisants que ceux que je viens de décrire.

Leur grand diamètre varie de $0^m,019$ à $0^m,022$, et le petit de $0^m,014$ à $0^m,017$.

ALOUETTE DES CHAMPS. — ALAUDA ARVENSIA.

L'alouette *des champs* recherche plus que ses congénères les terrains cultivés, et c'est à cette préférence qu'elle doit ses noms.

Plus multipliée que le cochevis, l'alouette des champs présente deux races bien distinctes.

Celle qui séjourne dans l'Anjou, et qui s'y reproduit, a des proportions plus grandes que celle qui apparaît dans les temps de froid et de neige.

L'alouette des champs a une voix très-agréable et très-étendue, elle se plaît à la faire entendre en décrivant dans les airs des cercles concentriques comme ceux des rapaces qui veulent étourdir leurs victimes.

Elle s'élève à des hauteurs considérables pour redescendre ensuite avec la rapidité de la balle, quand elle est menacée par un oiseau de proie ou attirée par un sentiment d'amour.

Lorsqu'un de ces motifs ne la sollicite pas à accélérer son vol, elle descend lentement en étendant ses ailes. Elle semble se complaire dans cette manœuvre; on dirait un aéronaute jouissant avec délices de toutes les ressources de son parachute.

Cette alouette niche dans les herbes, les blés, les bruyères, ou entre les mottes de terre; elle prépare elle-même un petit creux en grattant la terre avec ses ongles. Elle le remplit d'herbes fines et déliées, de mousse, de racines, et y dépose de trois à cinq œufs, d'un blanc sale, nuancé de verdâtre et parsemé d'un grand nombre de petits points noirâtres qui forment une seconde couche plus foncée que la première.

Quelques-uns portent vers le gros bout une couronne composée d'une seconde couche de petits points. Lorsque ces œufs sont récemment vidés, ils ont une teinte générale beaucoup plus noire que celle qu'ils conservent plus tard. Leur grand diamètre varie de $0^m,021$ à $0^m,023$ et le petit de $0^m,015$ à $0^m,017$.

ALOUETTE LULU. — ALAUDA ARBOREA.

La tête de l'alouette *lulu* est surmontée d'une huppe qui diffère de celle du cochevis en ce que les plumes qui la composent ne sont pas étagées ni terminées en pointe. Cette espèce doit son nom au chant qu'elle fait entendre quelquefois, *lu lu lu lu*. Cependant son véritable chant est : *bu du li, bu du li*; il est peu gracieux. Cette alouette contrefait aussi, mais d'une manière ridicule, le chant des autres oiseaux. Elle ne vit pas en bandes nombreuses comme l'alouette des champs, mais elle se réunit par petites troupes. Elle se plaît dans les lieux accidentés et incultes, dans les vignes et les landes. Elle se perche quelquefois, et c'est à cette habitude tout exceptionnelle parmi les alouettes, qu'elle doit son épithète *arborea*, alouette *des arbres*.

L'alouette lulu s'élève moins haut que ses congénères, et dans son vol elle ne décrit pas de cercles concentriques. Elle niche à terre, dans les bruyères et les champs, à l'abri d'une motte ou d'une plante.

Elle réunit dans une petite cavité quelques racines ou des filaments d'herbes sèches, du crin, du coton, des plantes, et forme avec ces matériaux une coupe aplatie sur laquelle la femelle dépose quatre ou cinq œufs d'un blanc gris ou roussâtre, pointillé de gris et de brun. Quelques-uns de ces œufs portent une couronne comme ceux de la pie-grièche écorcheur. Les uns sont ronds, d'autres oblongs, d'autres ont une teinte rougeâtre avec des nuances d'un cendré pâle.

Leur grand diamètre est de $0^m,017$ à $0^m,020$, et le petit de $0^m,014$ à $0^m,017$.

ALOUETTE CALANDRELLE. — ALAUDA BRACHYDACTYLA.

Le mot *calandrelle* est un diminutif de celui de *calandre*, formé lui-même de χάλανδρα, expression servant à désigner, chez les Grecs, la grosse alouette.

Malheureusement M. Alexandre, dans son dictionnaire grec, met à la suite du mot χάλανδρα un *r* suivi d'un point d'interrogation, pour indiquer que la racine lui est inconnue; question indirecte qu'il adresse trop souvent pour la satisfaction de ceux qui recherchent le sens primitif des mots. Je me trouve donc encore dans la nécessité de hasarder quelques hypothèses. Le mot χάλανδρος, χάλανδρα, dériverait-il de χαλός, χαλή, χαλόν, beau, belle, et de δέρα ou δέρη, cou, gosier? Alors *calandre* signifierait *beau cou, beau gosier?*

Cette interprétation se justifierait par le cercle de plumes blanches en forme de couronne placé des deux côtés de la gorge, encadrant une belle tache noire. Cette particularité a toujours frappé les populations; et en Provence, où l'on élève beaucoup de calandres, on les appelle *couloussades* à cause de leur collier noir. Il est toutefois beaucoup plus probable que le mot χάλανδρα, calandre, a trait aux ressources musicales de l'oiseau qui le porte. La calandre est douée d'une voix très-étendue et très-agréable; de plus elle a le privilége de pouvoir joindre à son chant celui du chardonneret, du serin, de la linotte et de tous les oiseaux près desquels elle séjourne. En captivité on peut lui apprendre très-facilement à imiter toute espèce de ramage ; elle rend très-bien le miaulement de la chatte, etc.

Dans le midi de l'Europe, où elle est commune, on l'élève en grand nombre pour jouir de la variété de son chant. En Italie, on dit d'une personne qui chante très-bien : *Elle chante comme une calandre.* Ainsi dans la patrie chérie de la musique, la calandre paraît détrôner même le rossignol [1].

D'après ces considérations, plusieurs étymologistes ont donné pour origine à *calandre* les mots καλῶς, bien, et ᾄδεω, chanter. Et si l'on voulait écrire en adoptant l'ancienne forme grecque, χάλανδρα, *chalandre*, l'étymologie, pour être différente, ne s'en rapporterait pas moins au chant de ce même oiseau. Ce serait alors χαλάω, relâcher, distendre, mot qui s'y applique parfaitement. Car le propre de sa voix est de s'élever à une hauteur considérable et d'en descendre par des inflexions rapides. Quelques auteurs prétendent que les anciens habitants de la Gaule appelaient les alouettes *bardalis*, d'où l'on conclut qu'est venu le nom de *bardes, trouvères,* qui célébraient

---

[1] On lit dans un ouvrage italien (Lionello, par le P. Bresciani, chap. II, page 8) : « Au passage d'un golfe , une calandre harmonieuse « s'élevait dans le ciel, droit comme une flèche ; elle se balançait « dans les airs et les faisait retentir de son chant si varié, de ses « pauses, de ses passages, de ses roulades, de ses groupes et de ses « reprises : Alisa ne pouvait se rassasier de l'entendre , de la suivre « de son regard dans son ascension, et puis, retombant comme une « pierre, se relevant et recommençant son chant joyeux. — Je vois, « disait-elle, comment au travail peuvent s'unir l'hymne de louange « à la gloire de Dieu et l'action de grâces pour la miséricorde et « l'amour qu'il a témoignés à ses créatures. Cette calandre parcourt « les airs ; elle va et vient, elle monte et descend, jamais elle ne « s'arrête, jamais elle ne suspend son cantique naturel. »

en public les hauts faits des guerriers et la gloire de la patrie. Si cette opinion était fondée, elle prouverait que, pour les Gaulois, l'alouette était le chantre par excellence. Peut-être aussi, nos ancêtres avaient-ils trouvé quelque ressemblance entre le *bardalis* et le chant de l'alouette *lulu*. Je suis donc fondé à croire que les particularités du plumage de la calandre et de la calandrelle, surtout les habitudes musicales de ces oiseaux, peuvent justifier les étymologies que je soumets à l'appréciation des savants.

Peut-être pourrait-on prendre le mot *calandre* dans le même sens que l'instrument employé à imprimer les étoffes et auquel on donne pour racine κύλινδρος, *cylindre*, parce qu'il est de forme ronde. Cette acception de *calandre* serait alors fondée sur les différents cercles blancs et noirs qui se déroulent en s'encadrant réciproquement et embellissent les deux côtés du cou de la calandre et de celui de la calandrelle.

Enfin, l'habitude de ces oiseaux de descendre des hauteurs où ils se sont élevés par une série de cercles concentriques en forme de spirale, ne servirait-elle pas encore à justifier la dernière acception donnée au mot *calandre*, puisqu'en effet, dans leur vol, ils semblent décrire un véritable cylindre. A l'appui de cette hypothèse, je peux invoquer le mot *girolle*, nom vulgaire donné à la calandre dans sa véritable patrie. Cette dénomination, adoptée généralement en Italie, dérive de *gyrare*, tourner sur soi-même.

Le nom scientifique *brachydactyle* est composé de βραχύς, court, et δάκτυλος, ongle ; il a été donné à la calandrelle parce que cet oiseau a le quatrième doigt armé *d'un ongle court*, exception caractéristique pour les oiseaux de ce genre.

D'après les explications données ci-dessus, il est facile de constater, sous bien des rapports, les points de comparaison qui existent entre le coq et l'alouette. C'étaient chez les Gaulois deux oiseaux représentant les mêmes idées et pouvant être adoptés indifféremment pour signifier le travail matinal, la vigilance, etc. Cette considération me conduit naturellement à indiquer une nouvelle étymologie du mot *calandre*. Cette dénomination me semble pouvoir dériver naturellement de καλέω, *appeler, exciter, provoquer*, et ἀνήρ, ἀνδρός, *l'homme*, et signifier alors *oiseau qui appelle, réveille l'homme*, qui le provoque et l'excite au travail. Un autre sens pourrait encore être donné au mot *calandre*, en l'appliquant à un nouveau point de vue. La calandre et la calandrelle courent devant les chasseurs avec une rapidité si extraordinaire, que dans de midi de la France, où ces oiseaux sont très-communs et où l'on a pu étudier leurs mœurs d'une manière plus exacte que dans les autres contrées, on leur a donné le nom de *courrentia*, coureuses. Par cette course si particulière et si caractéristique, ces oiseaux ne semblent-ils pas provoquer, défier le chasseur? N'en serait-il pas de même pour leur chant?

Comme sa congénère, la calandrelle établit son nid à terre, dans les landes, ou sous les mottes d'un sillon. Il se compose d'une petite cavité tapissée d'herbes, de quelques racines, d'herbes fines, ou de brins de foin ; c'est là que la femelle pond quatre ou cinq œufs un peu allongés, d'un blanc sale et grisâtre. La coquille est parsemée de petits points roux ou gris, très-peu apparents, et confondus de manière à former une seconde couche plus foncée que la première. Quelquefois les points sont plus multipliés vers le gros bout et composent une couronne ou une espèce de calotte. On en trouve dont la teinte brune et luisante les ferait accepter facilement pour certaines variétés du moineau-friquet ou du pipit-maritime.

Leur longueur est de 0^m,016 à 0^m,018 et leur diamètre de 0^m,012 à 0^m,014.

DEUXIÈME GENRE.

MÉSANGES. — PARUS.

Les Mésanges composent un genre très-nombreux et remarquable par les mœurs des oiseaux qui sont groupés sous cette dénomination.

Vives, pétulantes et sans cesse en mouvement, les mésanges parcourent les villes et les campagnes et visitent tour à tour les toits et les arbres.

Elles fouillent toutes les sinuosités des arbres pour y saisir les insectes et les petits vermisseaux qui se cachent sous l'écorce ou dans les fissures du bois. Pour découvrir plus facilement leur proie, les mésanges prennent toute espèce de positions; elles décrivent des spirales autour des branches, descendent la tête en bas, et conservent assez longtemps cette dernière position afin d'arriver plus facilement au but qu'elles se proposent. Souvent, fixées sur une feuille agitée par les vents, elles n'abandonnent leur frêle appui que pour s'élever sur un autre tout aussi mobile. Lorsque les feuilles sont desséchées et tombées à terre, elles les retournent dans tous les sens. Enfin quand la neige ou le givre couvre les arbres, les mésanges cherchent les insectes engourdis jusque sous cette enveloppe glacée qui ne peut pas même dérober les victimes à l'audacieuse persévérance de leurs ennemis.

Ces conirostres se répandent ensuite dans les villes et visitent le dessous des toits en décrivant une série de courbes allongées, passent et repassent plusieurs fois dans les mêmes endroits, et ne quittent le théâtre de leurs investigations que lorsqu'ils se sont assurés que rien n'a échappé à leurs regards scrutateurs. Dans leurs courses incessantes, les mésanges font entendre un cri strident et saccadé, cri de satisfaction ou de colère tour à tour, et même de rappel, car elles voyagent presque toujours en petites troupes. Semblables à des forbans, elles sentent le besoin de s'unir pour se livrer plus facilement à leurs déprédations, pour se défendre et attaquer, mais en même temps, par un sentiment de défiance réciproque, elles se tiennent toujours à une certaine distance les unes des autres. Si quelqu'une de la bande est forcée de suspendre sa course, par indisposition ou par quelque blessure, ses compagnes se précipitent sur elle, l'immolent, partagent ses membres et se disputent surtout sa cervelle.

Les violences auxquelles les mésanges se livrent envers leurs congénères, elles les exercent à plus forte raison à l'égard des autres oiseaux, soit en liberté, soit en captivité. Quand elles sont renfermées dans des volières elles brisent à coups de bec la tête de leurs compagnons d'infortune et montrent dans cette circonstance toutes les faces de leur mauvais caractère.

Les mésanges attaquent les chouettes et les oiseaux beaucoup plus gros qu'elles, et cherchent surtout à leur crever les yeux pour être plus certaines d'un triomphe complet. Elles se défendent de l'homme en se mettant sur le dos, à la manière des rapaces et se servent alors avec un acharnement et une intrépidité remarquables, de leurs ongles et de leur bec.

Les mésanges mordent opiniâtrement et souvent on éprouve de la difficulté à leur faire lâcher prise. Elles vivent non-seulement d'insectes, mais encore de graines qu'elles brisent avec leur bec après les avoir assujéties sous leurs doigts. Assez souvent ces conirostres percent avec beaucoup d'adresse l'enveloppe des baies ou des fruits et en enlèvent le contenu au moyen d'un trou qui ferait honneur à un ouvrier exercé. Si les mésanges rendent d'immenses services en détruisant une grande quantité de chenilles, de larves, de vers et de petits insectes, elles exercent aussi de terribles ravages dans les vergers qu'elles parcourent et où elles attaquent les boutons des arbres fruitiers. Elles occasionnent des pertes réelles dans les lieux habités par les abeilles dont elles immolent un nombre considérable ; aussi les anciens appelaient-ils la mésange *avis apibus inimica*, l'oiseau ennemi des abeilles.

Quant aux noms scientifiques et vulgaires consacrés à désigner ces conirostres, peut-être ont-ils une commune origine. En effet, l'audace, la force, la méchanceté et la vivacité des mésanges ont dû étonner les observateurs, quels qu'ils fussent, et en particulier les naturalistes, lorsque ceux-ci rapprochaient ces qualités des dimensions si petites de ces conirostres. Dès lors l'attention des auteurs aurait été fixée sur la petite taille des mésanges et leur petitesse serait devenue la base de leur nom. Ainsi *parus* ne serait qu'une corruption de *parvus*, petit, comme *parum* l'est de *parvum*, comme d'après la même idée, *mésange* dériverait aussi de μειόω, être inférieur, petit. Malheureusement l'*a* est long dans *parus*, et bref dans *parum*, ce qui paraît s'opposer absolument à l'adoption de cette étymologie ; néanmoins elle semblerait être confirmée par le nom que les Anglais donnent aux mésanges : ils les appellent *titmouses*, petites souris, petites rongeuses. Quant à l'autre étymologie grecque μειόω, elle me semblerait au moins plus naturelle que celle qui est adoptée par le plus grand nombre des auteurs, et qui fait dériver *mésange* de *meseck*, mot employé, en Allemagne, pour désigner cet oiseau.

Le père Labbe prétend que la dénomination *mésange* a été donnée à ces conirostres à cause du mélange très-varié de leurs plumes. Il appuie son opinion sur le mot *mesk* qui signifie mélange, ainsi que sur le grec μίσγω, et le latin *misceo*. Dès lors cette étymologie s'appuierait sur les différentes bandes noires, bleues, blanches, etc. , qui diversifient le plumage des mésanges et le rendent assez agréable dans son ensemble.

Je pense que l'on pourrait hasarder l'étymologie suivante :

Le mot *mésange* ne serait-il pas composé de deux noms celtiques, *mes*, beaucoup, et *angen*, cruel, inexorable, d'où est venue probablement la vieille dénomination française *angir* signifiant *tourmenter*, *vexer*, et le mot *angoisse*, toujours usité. *Angen*, représente aussi dans l'ancien allemand, l'idée de *presser*, de *serrer*, de *violenter*. En grec ἄγχω a le même sens et est probablement le principe de toutes ces locutions. En l'alliant avec μέσος, milieu, il signifierait qui *étrangle par le milieu ;* et d'une façon comme de l'autre le mot *mésange* retracerait d'une manière exacte le caractère de ces petits tyrans.

Les mésanges se livrent à des investigations incessantes non-seulement pour se procurer leur nourriture de chaque jour, mais aussi afin de se préparer des provisions pour l'hiver. Elles entassent des graines dans les trous des arbres, et c'est dans ces réserves qu'elles puisent pendant les jours de disette. Malheur aux oiseaux téméraires qui voudraient recourir à ces greniers d'abondance ! Car les mésanges ne pratiquent pas la vertu de charité. Dans cette circonstance elles défendent leur propriété avec un courage qui tient de la fureur et qui prouve qu'elles n'admettent pas en ce qui les concerne les idées de certains politiques trop enclins au partage du bien d'autrui.

Les plumes de leur tête se dressent comme une huppe, tandis que leurs cris métalliques décèlent l'indignation qui les anime et qui décuple leurs forces. C'est alors qu'elles se précipitent sur leurs ennemis, se cramponnent à leur dos et leur ouvrent le crâne à coups de bec, à moins qu'elles ne soient forcées de succomber sous les serres d'un ennemi beaucoup plus puissant qu'elles. Dans ce cas même, le vainqueur a de la peine à se débarrasser de sa victime dont les ongles restent profondément attachés au corps de son adversaire.

Si les mésanges défendent avec énergie leurs trésors, elles pillent sans scrupule celui des autres oiseaux, même de ceux qui sembleraient devoir leur paraître sacrés. Elles brisent les œufs qu'elles trouvent dans les nids, et attendent que la mère se soit éloignée de ses petits pour se précipiter sur eux et les dévorer avec une avidité féroce. Cette habitude cruelle ne pourrait-elle pas fournir une autre étymologie du mot *mésange*? Ne semblerait-il pas formé des dénominations, *ange*, messager, et *més*, mauvais? (Le mot *més* donne presque toujours au mot auquel il est joint une signification odieuse, exemple : *més-alliance*, *més-estime*, *més-intelligence*, *més-aventure*, etc.) Dès lors *mésange* serait synonyme de *messager coupable*, qui porte le ravage et la mort dans ses courses perpétuelles, qui ne respecte rien, pas même les petits de ses congénères. Enfin les mésanges pondent un très-grand nombre d'œufs; elles sont de tous les oiseaux ceux dont la fécondité est la plus grande. En français on appelle *mésange* une femme, mère d'une nombreuse famille. Le mot *mésange* ne pourrait-il pas lui-même avoir une étymologie d'accord avec cette dénomination? car *anger* signifie se propager, se multiplier, et *més-ange* représenterait exactement l'oiseau qui se multiplie beaucoup et pour le mal. De même le mot *parus* semblerait peut-être à quelques personnes une abréviation de *partus*, ce qui me reporterait à un souvenir de mes jeunes années.

A Saumur, s'élève une belle chapelle, bien chère à tous ceux qui croient et qui prient, à tous ceux qui aiment à déposer, dans les sanctuaires de la Mère de Dieu, leurs joies et leurs douleurs, leurs espérances et leurs craintes.

L'église de Notre-Dame-des-Ardilliers, dont les dalles ont été mouillées par les larmes du repentir ou de la reconnaissance de bien des milliers de pèlerins, porte, autour de son dôme, cette inscription, que les bienfaits de la Mère de Dieu ont aussi gravée dans tous les cœurs catholiques :

VIRGINI DEIPARÆ, *A la Vierge Mère de Dieu.*

Ces paroles, expression du symbole de nos pères, y furent placées dans le siècle où tous les grands génies qui composaient l'auréole de gloire de Louis XIV aimaient à manifester dans leurs chefs-d'œuvre de toute nature leur foi catholique et leur culte d'amour et de reconnaissance pour la Mère de Dieu. La main sanglante de la Révolution respecta cette devise, tout en faisant disparaître celle qui se rapportait au grand Roi. Or, ces paroles furent traduites, il y a quelques années par un ministre protestant de Saumur, M. Duvivier, et mises, selon lui, à la portée des fidèles. M. Duvivier écrivit que cet exergue était un acte d'idolâtrie et signifiait : « A la Vierge, égale à Dieu. » M. Desmé de l'Isle prouva très-facilement à M. Duvivier, dans une petite brochure pleine de logique et de bon sens, que le ministre protestant ignorait les premiers éléments de la langue latine, et que *Deiparæ* n'a jamais signifié égale à Dieu, mais Mère de Dieu.

Parus, comme la terminaison *para*, semblerait donc impliquer une idée de génération et aurait pour racine, *pario*, enfanter. Un grand nombre des mots qui représentent en latin ou en français une idée d'enfantement, soit spirituel, soit naturel, commencent par la même syllabe *par*, *parents*, *parrains*, etc. Mais la prosodie vient encore s'opposer à cette hypothèse si bien fondée cependant sur la nature des mésanges, et me force à recourir à une autre étymologie appuyée sur des autorités incontestables.

Parus est un nom latin tiré du *cri de la mésange* ; elle fait entendre, en effet, une voix stridente, métallique, qui avait particulièrement fixé l'attention des anciens.

On lit dans l'auteur du petit poème intitulé *Philomèle*[1] :

> Parus enim quamvis per noctem tinniat omnem
> At sua vox nulli jure placere potest.

« La mésange aurait beau prolonger toute la nuit ses notes aiguës, il n'est personne à qui sa voix puisse justement plaire. » La mésange semble répéter de cette voix de *scie* qui l'a fait appeler le *serrurier* : *para !* ou *parra !* d'où, en changeant la dernière syllabe : *parus*. Ce nom serait donc fondé d'après les anciens auteurs sur le cri de la mésange, lequel dans tous les pays a frappé ceux qui l'entendaient et déchire les oreilles les moins sensibles à l'harmonie.

Quoi qu'il en soit, la fécondité des mésanges se trouve combattue par l'excès de leur audace et de leur pétulance ; en effet un très-grand nombre de ces oiseaux se laissent prendre à la pipée, et, dans ce cas, elles sont les victimes de leur caractère cruel qui les entraîne à se précipiter sur les chouettes, sans se préoccuper des piéges tendus sous leurs pas. C'est ainsi que la soif du sang les fait déroger à leur défiance habituelle, car elles prennent, dans l'ensemble de leur vie, mille précautions pour échapper à leurs ennemis. Jamais elles n'entrent dans un trou d'arbre pour y déposer des provisions ou pour y passer la nuit, sans avoir regardé plusieurs fois si leur démarche n'est pas surveillée ou même soupçonnée.

MÉSANGE CHARBONNIÈRE. — PARUS MAJOR.

La Mésange Charbonnière aime et recherche les pays plantés d'arbres fruitiers. Ceux-ci lui offrent une nour-

---

[1] Cité par Aldrovande.

riture abondante ; car les lichens qui les couvrent sont autant de retraites favorables où se cachent les insectes, qui trouvent dans leurs replis multipliés où déposer leurs œufs et leurs larves. C'est là aussi que la présence des mésanges est utile, c'est là par conséquent que Dieu les multiplie davantage pour qu'elles viennent en aide aux agriculteurs en préservant les fleurs et les fruits des ravages des chenilles et des vers. L'épithète latine *major* indique que cette espèce est *la plus grosse* du genre. Quant à l'adjectif français *charbonnière*, il fait connaître une particularité du plumage de cet oiseau. Une espèce de capuchon d'un *noir brillant* et lustré couvre la tête de la mésange charbonnière et s'étend sur le cou. Enfin un large plastron de la même couleur règne depuis le dessous du bec jusqu'aux pieds, et justifie la dénomination de *charbonnière* qui sert à la distinguer de ses congénères.

L'opinion de quelques auteurs, qui prétendent que cette mésange doit son nom à l'habitude qu'elle a d'établir son nid dans les huttes des charbonniers, n'est nullement fondée. En effet, la mésange recherche pour se reproduire, non les bois, mais les vergers, elle établit son nid dans les trous des arbres fruitiers, et quelquefois dans ceux des murs des enclos ; il est composé de mousse, de plumes, de crins, de lichens, et prend la forme et les dimensions de l'endroit auquel il est confié. Ce nid contient de huit à douze œufs d'un blanc rose, quand ils sont frais et non vidés. Leur coquille est parsemée de taches rousses dont les dimensions s'étendent souvent à mesure que ces taches se rapprochent du gros bout. Le grand diamètre de ces œufs varie de $0^m,015$ à $0^m,018$, et le petit de $0^m,012$ à $0^m,014$. Dans le midi de la France, la grosse charbonnière a reçu le nom vulgaire de *saraïé,* c'est-à-dire de *serrurier,* à cause de son cri aigu et saccadé qui ressemble à celui que produit le fer lorsqu'il est scié avec rapidité. Ce cri, que l'on entend souvent à l'époque du printemps, le long des routes, dans les pays ombragés, a quelque chose de triste et de sinistre.

MÉSANGE PETITE CHARBONNIÈRE. — PARUS ATER.

Cette mésange doit son nom latin *ater* à la couleur noire de son plumage, et son épithète française aux dimensions de sa taille inférieure à celle de la précédente. Moins défiante que quelques-unes de ses congénères, elle habite les lieux plantés de bois de sapins et d'arbres verts. Son chant n'est pas aussi fatigant ni aussi monotone que celui de la plupart des autres mésanges. Elle est encore plus pétulante et plus vive que les autres espèces de la même famille. La petite charbonnière vit en bandes peu nombreuses dont chacune choisit un chef chargé de veiller à la sûreté commune et d'avertir tous les autres membres à l'approche du danger. Cette mésange niche dans les trous des arbres fruitiers; ses œufs, au nombre de huit à dix, sont d'un blanc rose ou mat selon qu'ils sont pleins ou vides; ils sont parsemés de taches d'un rouge assez vif. Leur petit diamètre est de $0^m,010$ à $0^m,012$, et leur grand de $0^m,013$ à $0^m,014$.

Chaque année, cette mésange traverse l'Anjou, mais sa présence, à l'époque de la nidification, n'a pas encore été suffisamment constatée. Aussi l'opinion la plus commune et la mieux fondée admet-elle que si la petite charbonnière se reproduit dans notre département, ce cas est plutôt une exception qu'une habitude.

MÉSANGE BLEUE. — PARUS CÆRULÉUS.

De toutes les mésanges, celle-ci est la plus répandue; ses couleurs si vives et d'*un bleu d'azur* justifient les épithètes qui lui ont été assignées dans toutes les langues. Plus solitaire que ses congénères, elle vit, comme elles, d'insectes et de vers; mais quand cette nourriture lui manque, elle s'abat dans les jardins où elle exerce des dégâts considérables en s'attaquant aux boutons des arbres fruitiers. Souvent, elle détache même le fruit qui commence à se former, et elle l'emporte dans ses greniers de réserve. Cette mésange a un appétit très prononcé pour la chair, et, lorsqu'elle rencontre quelques cadavres de petits mammifères ou d'oiseaux, elle s'acharne sur ces débris avec une voracité et une persévérance incroyables. Après son passage, on ne trouve plus que des squelettes dénudés comme si le scalpel les avait fouillés dans tous les sens. Cet oiseau grimpe avec légèreté le long des tiges des roseaux et du sorgho pour y poursuivre des insectes, et ne craint pas, dans cette chasse, de se trouver en guerre avec les rousseroles et les autres calamoherpes dont elle se fait respecter et craindre. On la voit même, pendant l'hiver, venir sur les grandes routes disputer avec succès aux bruants et aux moineaux les débris des graines qui se trouvent dans les excréments des chevaux.

Le nid de la mésange bleue, composé des mêmes matières que ceux des précédentes, est aussi confié aux trous des arbres fruitiers.

Les œufs, au nombre de sept à dix, d'un blanc mat ou couleur chair, sont parsemés de taches rouges très irrégulières et de points de même couleur, plus abondants vers le gros bout.

Leur grand diamètre varie de 0^m,014 à 0^m,016, et leur petit de C^m,012 à 0^m,013.

MÉSANGE NONNETTE. — PARUS PALUSTRIS.

La dénomination *palustris*, de marais, indique que cette mésange a les mêmes habitudes que la précédente, et qu'elle cherche souvent sa nourriture sur les tiges des herbes ou des roseaux des marais. Elle aime aussi à habiter les bois plantés sur le bord des eaux et qui lui offrent ainsi une double source de richesse. Quant à l'épithète *nonnette, nonneta*, elle est un diminutif de *nonna, nonne*, terme de respect par lequel on désignait dans l'antiquité les *aïeux* et les *aïeules*, et qu'on donna ensuite par déférence aux personnes consacrées à Dieu, par la même raison qu'on appelle encore *Pères* ou *Mères* les membres de certaines congrégations. Ce mot représentait aussi, chez les Romains, les personnes qui, avec une tendresse véritable, élevaient les enfants abandonnés. Dès lors, il a été donné, à juste titre, à ces saintes filles, héritières de la charité de saint Vincent de Paul, qui remplacent près des enfants trouvés ou des orphelins, des parents morts ou dénaturés.

Cette dénomination, qui a été étendue à toutes les personnes consacrées à Dieu, a, si l'on en croit certains étymologistes, pour racine νόος, νοῦς, entendement, νοεῖν, penser, méditer, et représente ainsi tous ceux qui appuient les œuvres de leur vie sur des pensées sérieuses. Dès lors, serait-il étonnant que, dans notre siècle de légèreté et d'irréflexion, le mot *nonne* ne fût pas compris, et qu'il fût devenu un terme propre à jeter le ridicule sur les personnes auxquelles il est attribué? Il y a tant de gens qui fuient les pensées sérieuses, tant qui craignent de se retrouver en face d'eux-mêmes! assez semblables en cela à ceux qui ne veulent pas établir ni vérifier la balance de leurs affaires, dans l'appréhension qu'ils éprouvent de voir se dresser devant eux un effrayant déficit. Erreur dangereuse cependant, car un abîme qu'on ne sonde pas inspire moins de terreur, il est vrai, mais il engloutit subitement et sans retour!

Je dois dire, néanmoins, que le mot *nonne*, dérive avec beaucoup plus de vraisemblance, soit de l'égyptien *nonn*, religieux, soit du grec νάννη, tante maternelle, auquel se rattache également, selon toute apparence, l'italien *nonno*, *grand-père*, et *nonna*, *grand-mère;* c'est d'ailleurs, et toujours comme on le voit, une idée de vénération que ces différents termes expriment par celle d'ancienneté.

Et *nonne*, correspond à prêtre, πρεσϐύτερος, plus âgé, vieillard. Pourquoi avoir maintenant donné ce surnom à la mésange des marais?

Les naturalistes, ayant remarqué que la mésange de marais avait la tête entièrement noire, ont cru y trouver une ressemblance avec les voiles qui recouvrent la tête d'un grand nombre de religieuses; elle semble avoir une espèce de capuchon; puis l'ensemble de son plumage est plus sombre que celui des autres mésanges, d'où les auteurs ont appelé cette mésange, *la religieuse* ou *la nonnette*. Elle veille aussi avec un soin tout particulier sur ses œufs, et manifeste pour ses petits une tendresse vraiment remarquable.

La mésange nonnette niche comme les précédentes. Ses œufs, au nombre de six à dix, sont régulièrement plus longs que ceux de ses congénères, et portent vers le gros bout une couronne de points rougeâtres. Ces points sont ordinairement moins larges que dans les œufs décrits antérieurement.

Leur longueur varie de 0^m,014 à 0^m,015, et leur diamètre de 0^m,010 à 0^m,012.

MÉSANGE HUPPÉE. — PARUS CRISTATUS.

Cette mésange doit son nom à l'aigrette, *crista*, ou huppe qui orne sa tête et lui donne un aspect tout particulier. Cette huppe est formée de plumes acuminées, noires et bordées d'un filet blanchâtre; elles sont étagées et réunies en pointe. De loin, ces plumes représentent une corne triangulaire, dont la base repose sur la tête de la mésange.

Ce conirostre habite en grand nombre les forêts des Alpes. Pendant longtemps les naturalistes ont pensé qu'il ne faisait que traverser l'Anjou, au moment de ses migrations. Les recherches persévérantes de M. Raoul de Baracé ont démontré que la mésange huppée s'arrête dans notre département pour s'y reproduire, et que dans certaines localités elle se trouve en aussi grand nombre que les autres mésanges. Aux environs du Lion-d'Angers, où elle est très-multipliée, il a été constaté que si sa présence avait été ignorée au moment de la nidification, c'est que cette espèce travaille plus tard que ses congénères à construire son nid : les feuilles des arbres fruitiers étant alors très-développées, la mésange huppée peut plus facilement dissimuler ses courses et dérober aux regards les trous qu'elle a choisis pour élever sa petite famille. Ses œufs varient de six à dix ; ils sont blancs et parsemés de grosses taches d'un rouge assez vif.

Le caractère qui sert à les distinguer des œufs des autres mésanges, et spécialement de ceux de la grosse charbonnière, est la forme ronde qu'ils affectent souvent, et surtout les dimensions des taches réunies ordinairement vers le gros bout en forme de couronne, et qui sont beaucoup plus rondes et plus larges que dans les autres espèces.

Le grand diamètre est de $0^m,014$ à $0^m,016$, et le petit de $0^m,011$ à $0^m,013$.

Buffon prétend que la chair de cette mésange est parfumée à cause des graines de genévriers dont elle se nourrit dans les pays de montagnes où elle vit en petites bandes.

MÉSANGE A LONGUE QUEUE. — PARUS CAUDATUS.

Cette mésange, la plus petite de toutes celles qui visitent l'Anjou, vole avec la rapidité et la grâce d'une

flèche lancée par une main puissante et habile. Elle doit
peut-être cette vitesse à la longueur de sa queue qui
dépasse même celle de son corps et lui imprime un mouvement accéléré et quelquefois ondulé. Les noms scientifiques et vulgaires de cette mésange sont dus à la
longueur de sa queue. Ce gracieux petit oiseau aime à
vivre en famille, et, dans cette espèce, la famille est
nombreuse, car chaque femelle pond de douze à vingt
œufs. Les uns sont ronds, d'autres oblongs, quelques-
uns sans taches, d'autres parsemés de petits points rougeâtres formant quelquefois une couronne vers le gros
bout. Le grand diamètre est de $0^m,008$ à $0^m,012$, et le
petit de $0^m,005$ à $0^m,007$. Le nid auquel sont confiés ces
œufs a la forme d'une boule ovale ; le haut est toujours
plus large que le bas. Ce nid, composé de mousse légère
et de petits lichens liés entre eux par des toiles d'araignée, est construit le long d'un arbre, avec la couleur
duquel il se confond assez facilement. Pour dissimuler
davantage la vue de leur charmant petit travail, le père
et la mère choisissent ordinairement comme point d'appui la naissance d une grosse branche. Celle-ci fortifie le
travail et contribue à tromper les regards des ennemis de
la jeune famille. L'intérieur du nid est revêtu d'un véritable lit de plumes. Une ouverture très-ronde et pratiquée
sur le dôme de l'édifice donne passage à la femelle. Souvent une seconde ouverture est ménagée pour faciliter
l'entrée et la sortie du mâle qui vient apporter à sa compagne de la nourriture pendant le travail long et fatigant
de l'incubation. Cette deuxième ouverture est presque
nécessitée par la longueur de la queue de cet oiseau. Les
ouvertures se trouvant placées l'une vis-à-vis de l'autre,
les mouvements deviennent plus faciles et la mésange à
longue queue n'est point forcée de tourner sur elle-
même dans une enceinte très-étroite. Cette deuxième
porte est fermée après l'éclosion des œufs. Le plus sou-

vent, une seule ouverture est pratiquée dans ces nids, et la seconde ne paraît être que le travail des mésanges plus âgées, plus expérimentées, plus industrieuses ou plus coquettes. Cette mésange pourrait, aussi bien que la nonnette, être appelée *palustris*, car elle se trouve, surtout pendant l'hiver, presque continuellement dans les osiers et les arbres qui croissent sur le bord des rivières ou des étangs.

MÉSANGE MOUSTACHE. — PARUS BIARMICUS.

La belle bande noire, veloutée et presque triangulaire qui orne la tête du mâle et s'étend en pointe des deux côtés du cou, justifie l'épithète vulgaire qui a été donnée à cette espèce. Quant à l'adjectif *biarmicus*, il indique la contrée où cette mésange est assez multipliée, la *Biarmie*, actuellement nommée Permie, vaste étendue de pays comprenant les gouvernements de Vologda et d'Arkangel.

Le nid de la mésange moustache est très-artistement composé d'herbes sèches, de fleurs, de duvet et de mousse. Il ressemble à une boule ou à une bourse. Ordinairement, l'ouverture est pratiquée en dessus. Ce nid est attaché, par des filaments de plantes, au-dessus des eaux, à des roseaux ou à des branches de petits arbustes. Il renferme de cinq à huit œufs ronds, d'un blanc d'ivoire, parsemé de taches d'un rouge pâle; ils portent aussi des filets de même nuance, en forme de veines, et distribués en zig-zag.

Cette mésange a des mœurs très-douces; elle vit d'insectes ailés, de semences de roseaux; elle ne craint pas l'approche de l'homme, et court à terre et sur les feuilles de nénuphar avec la même grâce que les bergeronnettes. Autrefois ce gracieux oiseau avait fait élection de domicile dans l'étang de Rou-Marson, où chaque année il se reproduisait. Par l'éclat de son plumage et la rapidité de ses courses incessantes, il embellissait et vivifiait ce pays solitaire; malheureusement, la guerre persévérante qui lui a été déclarée l'a forcé à quitter une contrée dont il était un des plus jolis ornements. Cependant il s'y montre encore de temps en temps, mais à des époques irrégulières.

Le *Parus biarmicus* vit en petites troupes; les différents membres de la même famille s'appellent par un cri métallique assez semblable au son d'une petite clochette d'argent ou au son vibrant d'une mandoline. Les gens de la campagne, dans leur langage expressif, l'ont nommé *trin-trin*.

Buffon prétend que lorsque ces familles émigrent ou se livrent aux travaux de la nidification, le mâle couvre la femelle de ses ailes, pendant les moments de repos, pour la préserver ou de la fraîcheur de l'air ou des rayons brûlants du soleil.

Le grand diamètre des œufs varie de $0^m,016$ à $0^m,020$ et le petit de $0^m,015$ à $0^m,017$.

Ici se termine la tâche que je m'étais proposée : puisse la bienveillance du lecteur y trouver réalisé en partie le sens de la devise que j'ai adoptée :

Benedicite, omnes volucres cœli, Domino.
Vous tous, oiseaux du ciel, bénissez le Seigneur.

DANIEL, Cantique 3.

APPENDICE

NOTE PREMIÈRE. — VAUTOURS.

En développant les étymologies des noms qui servent à désigner le catharte alimoche dont la présence a été signalée à différentes fois en Anjou, j'ai été amené naturellement à indiquer la racine du mot *vultur*, *vautour*. J'ai dit que ce nom employé par Sénèque et les auteurs de l'antiquité pour représenter les personnes qui vivaient d'héritages aux dépens même de la justice, avait été choisi avec raison pour déterminer l'ignoble oiseau qui ne vivait que des héritages que lui léguait la mort. Cette interprétation, en apparence plausible, me paraît manquer de base solide ; car ce nom de *vultur* a été donné à ces gens méprisables justement parce que leur conduite retraçait celle des vautours. La question reste tout entière à resoudre, et quelle est donc l'étymologie du mot *vultur*? Grâce au secours et à la vaste érudition d'Aldrovande, je crois pouvoir l'indiquer d'une manière assez précise. Le savant professeur de Bologne dit que *vultur* dérive de *volatu tardo* comme si de ces mots on eût fait *volitardus*, oiseau dont le vol est lourd, pénible, difficile, dans le même sens que *outarde* vient de *avis tarda*, oiseau, gros, pesant.

Cette explication peint d'une manière exacte le vol du

vautour, qui est difficile en tout temps, mais surtout lorsqu'il s'est rassasié avec excès, selon son habitude.

Quand le vautour n'est pas sur un point culminant d'où il puisse facilement s'élancer dans l'espace, il a peine à prendre son essor; il court volontiers devant son ennemi, et ce n'est que la nécessité ou la crainte du danger qui le force à recourir aux ressources de ses ailes très-longues et très-puissantes. Dans ce sens *volitardus* serait encore une expression très-juste, d'autant plus que les anciens naturalistes frappés de cette particularité le désignaient par l'épithète : *quadrupes*, semblable aux quadrupèdes.

Le vautour fait entendre en volant un bruit assez vif; on dirait les ailes d'un moulin qui dans leur mécanisme éprouvent un certain frottement, ou un fainéant qui ne met ses bras en mouvement que parce qu'il y est forcé et qui lutte péniblement contre un défaut d'habitude.

Les Latins appelaient *vulturnus* le même vent que les Grecs nommaient εὖρος. C'est le vent qui souffle de l'est en hiver; il présage la pluie et est accompagné d'un sifflement assez prononcé qui, peut-être, lui avait valu ce nom de *vulturne, quoniam altè resonat*, dit Aldrovande, *parce qu'il fait un grand bruit*. Un fleuve, une montagne, une ville de la Campanie portaient aussi le nom de *Volturne* et sont encore aujourd'hui désignés par le mot *Volturno*. Cette dernière expression fait connaître encore plus évidemment que *volare, voler*, entre dans la composition de *vultur*; du reste, d'après Pline, le vautour était appelé indifféremment *vultur* et *voltur*. Était-ce à cause de la mollesse et des excès auxquels se livraient les habitants de Capoue, que les Romains avaient appelé cette ville *Volturno*? Toutes ces explications du mot *vultur* prouvent que les Romains avaient été frappés très-vivement des habitudes du vautour. Les montagnes dont le sommet était dénudé leur paraissaient devoir être assimilées au vautour dont le cou long et dépourvu de plumes se termine par une tête aplatie et à laquelle des yeux sans éclat contribuent à donner une physionomie hideuse. Les Romains consultaient beaucoup le vol du vautour ; ils pensaient que ces oiseaux prédisaient l'avenir. Ils avaient été entraînés à cette erreur parce que le vautour étant doué d'un odorat très-fin dirigeait son vol vers les endroits où gisaient des cadavres, particularité que les anciens n'expliquaient que par la connaissance de l'avenir. Les augures assuraient aussi que les vautours planaient pendant trois jours sur les champs et sur tous les lieux où la mort devait moissonner des victimes.

Le mot *volitardus* pourrait être pris dans une autre acception et signifier *oiseau qui vole tardivement, longtemps*. Cette interprétation se justifierait facilement. Tous les oiseaux, qui en fauconnerie sont appelés *nobles*, se choisissent un arrondissement de chasse, parce que dans un cercle assez restreint, ils peuvent, par leur courage et leur adresse, pourvoir à leurs besoins et à ceux de leurs petits ; ils ne chassent que le matin et le soir et pendant quelques heures.

Mais il n'en est pas ainsi du vautour, il est condamné à voler jusqu'à ce qu'il trouve des victimes immolées par la mort ; pour lui, il n'y a pas d'arrondissement de chasse ; il doit aller là où la mort a frappé ses coups, tantôt près, tantôt très loin. Il y a entre l'oiseau noble et le vautour la même différence qu'entre l'ouvrier et le mendiant : l'un sait où par son travail il trouvera le pain nécessaire à sa famille ; l'autre l'attend de la charité publique, et, dès lors, il devient errant, vagabond, jusqu'à ce qu'une main charitable s'ouvre pour lui faire l'aumône, et si cette aumône est insuffisante, il doit recommencer ses pérégrinations incessantes. Que serait-ce s'il devait, comme le vautour, recueillir de quoi assouvir une avidité insatiable ! Le vautour est donc un mendiant de la pire espèce, un *bohême*, et même plus qu'un bohême, car il ne peut se rassasier que des immondices entassées, préparées par la mort et la putréfaction. Aussi, les anciens, qui avaient supposé que Jupiter avait envoyé un aigle pour accomplir son œuvre de vengeance et dévorer le cœur et le foie du malheureux Prométhée, n'ont-ils pas tardé à remplacer l'oiseau qui porte la foudre par celui consacré à Mars et à Junon et symbolisant le carnage et la jaloussie. Les Grecs avaient peint les vautours par une expression très-énergique ; ils les appelaient τάφους ἐμψύχους, *sépulcres vivants*.

NOTE DEUXIÈME. — PIC-CENDRÉ.

L'explication donnée précédemment sur l'étymologie du mot *canus* appliqué au pic cendré a besoin d'être complétée.

Telle qu'elle a été exposée, elle pourrait ne pas paraître exacte. Le mot *canus* signifie blanchir en vieillissant, et dès lors *grisonner*, selon l'expression vulgaire. Or, *grisonner*, c'est devenir *gris, cendré,* si l'on veut, et dans cette acception, l'épithète *canus* conviendrait à ce pic qui, très souvent, est appelé *pic à tête grise*, et cela avec d'autant plus de raison que c'est ce caractère qui sert à le distinguer véritablement de tous les autres pics.

La femelle du pic cendré a la tête entièrement dépourvue de plumes rouges et elle est ainsi privée du héret de la mère Gertrude. Quant au mâle, il a seulement le front d'un rouge cramoisi, et les joues et l'occiput d'un cendré clair parsemé de quelques plumes noires longitudinales qui semblent être pour lui un signe de la tristesse qu'il ressent d'être dépouillé de la perruque d'apparat portée par le pic vert, le pic noir, le pic leuconote, le pic épeichette, etc. On dirait qu'il n'a conservé que quelques débris de la chevelure éblouissante du pauvre prince Picus.

> Tum bis ad occasum, bis se convertit ad ortum,
> Ter juvencm baculo tetigit, tria carmina dixit.
> Ille fugit, sese solito velocius ipse
> Currere miratus pennas in corpore vidit ;
> Seque novam subito Latiis accedere silvis
> Indignatus avem, duro fera robora rostro
> Figit, et iratus longis dat vulnera ramis.
> Purpureum chlamydis pennæ traxere colorem ;
> Fibula quod fuerat, vestemque momorderat aurum
> Pluma fit et fulvo cervix præcingitur auro.

En achevant ces mots, Circé se tourna deux fois vers l'occident et deux fois vers l'orient ; de sa baguette elle touche trois fois le jeune prince et profère trois fois des paroles magiques. Il fuit, surpris de courir avec plus de vitesse ; il voit des ailes naître sur tous ses membres. Nouvel oiseau, il s'approche indigné des forêts du Latium ; il déchire de son bec le flanc des vieux chênes, et dans sa rage, il blesse leurs longs rameaux. La pourpre dont sa chlamyde était colorée se reproduit sur ses ailes, l'or de son agrafe rehausse d'un vif éclat son plumage et son cou [1].

D'après Gmelin, les Tuaguses de la Nayaïa Tanguska (peuples nomades qui habitent une partie du gouvernement d'Iéniséisk, en Sibérie) attribuent des vertus à la chair de cet oiseau. Ils la font rôtir, la pilent et y mêlent de la graisse, quelle qu'elle soit, excepté celle de l'ours. Ils enduisent ensuite avec ce mélange les flèches dont ils se servent à la chasse. Un animal atteint d'une de ces flèches succombe toujours, disent-ils, sous le coup qui le frappe.

[1] Ovide, *Met.*, l. XIV.

TABLE ALPHABÉTIQUE

DES MATIÈRES CONTENUES DANS CE VOLUME.

ANGERS, IMP. COSNIER ET LACHÈSE. — 1865.

ERRATA.

Page 37, à l'article du faucon crécerelle, après ces mots : se soutient
en l'air sans, *ajoutez :* changer de place, en agitant ses
ailes et ses serres avec.

— 40, ligne 5, *au lieu de :* ce lit, *lisez :* ce nid.

— 57, ligne 27, *au lieu de :* Valencourt, *lisez :* Valoncourt.

— 178, ligne 14, après ces mots : la couleur, *ajoutez :* jaune.